Luciane Lima

NOSSAS ORIGENS
Do princípio de tudo até os dias atuais.

1ª Edição

Salvador- Bahia-Brasil
Janeiro de 2024

PREFÁCIO

Está obra é dedicada a todas as pessoas que, como eu, admiram os mistérios da natureza e a beleza de sua complexidade. Ela foi desenvolvida com um grande prazer. Dediquei-me a este trabalho durante pouco mais de um ano e considero-a como a montagem das peças de um enorme quebra cabeças.

Fiz uma extensa pesquisa bibliográfica sobre tudo que achava pertinente para alcançar este objetivo, reunindo informações que levarão você, leitor, a fazer uma viagem no tempo e conhecer todas as nossas origens, desde o surgimento do Universo, do Universo que conhecemos, passando pela origem da vida, até o surgimento do homem atual.

Aqui também é abordado um pouco dos problemas que o planeta Terra vem sofrendo por conta das agressões humanas, levando a reflexão sobre conceitos e atitudes em relação ao ambiente em que vivemos.

Seja bem vindo(a) a esta grande viagem.

Luciane Lima
Bióloga- pela Universidade Federal da Bahia (UFBA).
Mestre em Imunologia pela UFBA.
Doutora em Imunologia pela UFBA.

SUMÁRIO

CONTRACAPA - 1
PREFÁCIO   - 2
SUMÁRIO   - 3
SINÓPSE   - 4
CAPÍTULO 1   - AS DESCOBERTAS...................................5
CAPÍTULO 2   - O PRINCÍPIO DE TUDO 12
CAPÍTULO 3   - BIG BANG...14
CAPÍTULO 4   - A GALÁXIA EM QUE VIVEMOS. 22
CAPÍTULO 5   - O SISTEMA SOLAR.................................25
CAPÍTULO 6   - A FORMAÇÃO DO PLANETA TERRA....36
CAPÍTULO 7   - CONSTITUIÇÃO DO GLOBO TERRES-
                TRE..40
CAPÍTULO 8   - A ATMOSFERA DA TERRA.....................45
CAPÍTULO 9   - A CAMADA DE OZÔNIO.........................53
CAPÍTULO 10 - ORIGEM DA VIDA....................................56
CAPÍTULO 11 - A EVOLUÇÃO DA VIDA...........................60
CAPÍTULO 12 - O SURGIMENTO DA BIOSFERA............66
CAPÍTULO 13 - BIOSFERA...87
CAPÍTULO 14 - ECOSSISTEMAS.....................,,,,,,,,,,,,......90
CAPÍTULO 15 - OS CICLOS DE UM ECOSSISTEMA.......93
CAPÍTULO 16 - A ORGANIZAÇÃO DOS ECOSSISTE-
                MAS..101
CAPÍTULO 17 - O SURGIMENTO DO HOMEM...............109
CAPÍTULO 18 - OS DIAS DE HOJE.................................116
CAPÍTULO 19 - A BIOSFERA ATUAL..............................119
CAPÍTULO 20 - O UNIVERSO INFINITO.........................129
REFERÊNCIAS-...133

SINÓPSE

Segundo a teoria mais aceita sobre o surgimento do Universo, a "Big Bang", ele foi criado da explosão de um aglomerado de matéria superdenso, totalmente homogêneo que alcançava temperaturas de trilhões de graus, há cerca de 15 bilhões de anos e, as galáxias se formaram a cerca de 10 bilhões de anos. A galáxia em que vivemos é a Via Láctea, esta é um componente de um aglomerado de galáxias conhecido como Grupo Local, que forma um conjunto de 17. O Sistema Solar é uma região do espaço dentro do sistema gravitacional do Sol que conhecemos. O Nosso planeta surgiu da condensação de uma nuvem de matéria interestelar a partir de seu centro, como parte de outra nuvem maior que se desfez para formar nosso sistema solar (há pouco mais de 4,5 bilhões de anos).

As primeiras formas de vida, que seriam moléculas ancestrais de RNA dotadas de uma capacidade primitiva de reprodução, surgiram entre 3,5 e 4 bilhões de anos, em algum lugar da Terra. Sistemas autoreplicativos de moléculas de RNA misturadas a outras moléculas orgânicas começaram o processo de evolução. A origem e a evolução da vida fizeram surgir à Biosfera. Aos poucos cada paisagem desenvolveu uma fauna e flora particularmente adaptadas a cada lugar. Esses novos grupos de plantas e animais utilizaram energia solar, nutrientes minerais, água e os recursos de outros seres vivos para estabilizar o ambiente, construindo a Biosfera que conhecemos hoje.

A primeira espécie de ser humano surgiu a aproximadamente 2,3 milhões de anos e o homem atual, *Homo sapiens sapiens,* mais antigo apareceu na Europa a 40.000 anos, de acordo com o fóssil conhecido como Homem de Cro-Magnon na França, onde foi encontrado.

CAPÍTULO 1

AS DESCOBERTAS

Quando criança, eu adorava ir para o quintal de minha casa nas noites de verão, deitava-me ao chão e ficava horas olhando o céu, admirando suas belezas. Maravilhada com as estrelas, os tamanhos, as cores e as intensidades dos brilhos, tentava contá-las uma a uma e, sempre me perdia no meio de tanto brilho. Esperava com entusiasmo ver um cometa, imaginava como seria lá em cima e me perguntava – *"Será que eu consigo pegar uma estrela? Será que eu consigo? Quero uma estrela para mim!"* - com uma doce ingenuidade pertencente a toda criança.

Minha mãe era o meu refúgio para as mais diversas dúvidas. Chamava-a entusiasmada para que observasse o céu comigo e a perguntava.

- *Quantas estrelas têm no céu?*

E ela me respondia com um sorriso nos lábios.

- *Existem muitas estrelas no céu, não dá para contá-las.*

Eu indignada.

- *Como não dá para contá-las, eu estou vendo-as! Se eu tentar eu posso conseguir.*

Ela então.

- *Não, não pode porque além destas que você vê existem milhares de outras no Universo todo que você não consegue ver.*

Assustada com aquela resposta eu a indagava novamente.

- *Mas o Universo é tão grande assim?*

Ela.

- *É sim, é de um tamanho tão grande que você nem consegue imaginar.*

Eu continuava.

- *Como assim, eu não consigo imaginar, é do tamanho de que?*

E mais uma vez ela respondia.

- *É de um tamanho tão grande, tão grande que não tem fim.*

Eu assustada.

- *Não tem fim!*

Ela continuava.

- *É. Não tem fim. É infinito.*

Meu espanto aumentava cada vez mais e com isso mais dúvidas iam surgindo, me fazendo continuar a conversa.

- Como pode ser infinito? Como uma coisa pode não ter fim? Algum fim ele deve ter!

E ela respondia.

- O Universo não tem fim, é tão grande que chega a ser infinito.

Eu sem acreditar em nada do que ela dizia.

- Eu não acredito nisso, deve ter um fim, nós é que não conhecemos ainda. Um fim ele deve ter.

Com uma expressão de espanto ela retrucava.

- Não, não tem fim.

Duvidando de tudo aquilo que falava.

- Como a senhora sabe disso?

Ela.

- Todo mundo sabe disso.

Muito decepcionada com as respostas e triste por saber que existia algo no mundo tão grande, tão grande que não tinha fim, fiquei a pensar por algum tempo e logo me veio mais uma pergunta.

- Quem criou o Universo?

Prontamente ela respondeu.

- Foi Deus, foi ele quem criou tudo que conseguimos ver.

Eu.

- Deus! Como ele conseguiu criar isso tudo?

Pacientemente ela continuava.

- Ele passou muito tempo construindo o mundo.

Eu.

- Muito tempo quanto? Quantos dias?

E ela.

- Vários dias, anos, bilhões e bilhões de anos para construir isso tudo.

Com minha curiosidade incessante.

- Bilhões de anos! São quantos dias?

Se esforçando para manter a paciência ela então.

- São muitos e muitos e muitos dias. Fica difícil imaginar, porém, quando você entrar na escola vai entender melhor quantos dias tem um bilhão de anos.

Como toda criança na faixa dos quatro anos de idade, sedenta de respostas, eu não me cansava, mas minha mãe sim.

- Como Deus fez para criar todas as estrelas que têm no Universo?

Já meio impaciente com tantas perguntas ela.

- Ele tem o jeito dele e sabe fazer tudo, só ele sabe fazer isso.

Uma pequena pausa e, ela continuou.

- Quando você ficar mais velha vai ler livros e entender um pouco mais sobre essas coisas, tem tudo neles. Entretanto, como ele criou o mundo só ele mesmo é quem sabe, nem na bíblia tem.

Com uma felicidade de quem tinha encontrado um tesouro continuei.

- Então Deus sabe onde fica o fim do Universo?

E pensei baixinho.

- Eu tenho chances de descobrir.

Como católica que minha mãe era, continuou.

- Ele sabe de tudo, se o Universo tivesse um fim com toda a certeza ele saberia, mas o Universo não pode ter um fim, pois, ele é infinito.

Lembro-me desta situação como se fosse ontem, eu era incansável quando queria uma resposta e não a encontrava.

Fiquei dias e dias a pensar sobre o tamanho do Universo, imaginava planetas pequenos achatados e coloridos, um perto do outro, servindo de caminho para a chegada do seu fim, pois, eu continuava achando que ele era finito, afinal, como pode uma coisa não ter um final! Imaginava um paredão de rochas redondas e coloridas fechando este final, lembrando uma garganta, mas sem movimentos. No entanto, tinha uma coisa que me deixava muito confusa. Eu não conseguia imaginar o que vinha depois destas rochas. Pensei por dias, mas a única imagem que me vinha à cabeça era o paredão de rochas coloridas, determinando o final do Universo.

Os anos se passaram e eu continuava admirando o céu nas noites de verão, deitada no chão do quintal, com brisas frescas a passar pelo meu corpo que refrescavam as noites quentes.

Uma coleção de livros que havia em minha casa falava a respeito das estrelas, cometas, meteoros e dos planetas do nosso sistema solar, as constelações. Eu não me cansava de ler, por várias vezes li os mesmos livros. Amava as constelações, tendo como predileta a de escorpião, conseguia me orientar através dela identificando os polos Norte e Sul do nosso planeta e sonhava em descobrir uma constelação e dá um nome para ela, do alto de meus oito anos de idade. Nesta época meu sonho era ser Astronauta, para desvendar os mistérios do Universo que só Deus sabia.

Com o tempo fui me apaixonando pela vida, pelas mais diversas formas de vida que eu via nos livros que lia, nos arredores de onde vivia e até mesmo dentro dele. Porém, o desejo de descobrir os mistérios que só Deus sabia continuava. Então, alguns anos depois me permiti realizar uma das mais fascinantes viagens de minha vida, desvendando os segredos de Deus através de valiosíssimas informações desvendadas pela ciência.

E como dizem por aí, quando você quer muito uma coisa e deseja aquilo do fundo de sua alma o Universo conspira a favor da realização do seu desejo.

CAPÍTULO 2

O PRINCÍPIO DE TUDO

Algumas teorias explicam a origem do Universo, de diversas formas de conhecimento é possível entender sobre os mistérios acerca de todas as nossas origens. Entretanto, a teoria mais aceita sobre o surgimento do Universo é a teoria do "Big Bang", a grande explosão.

Segundo Marques (1987)[1] a teoria do Big Bang foi publicada em 1917 por Albert Einstein. Era a relatividade generalizada, que descrevia a natureza da gravitação, força dominante no Universo, concebida nas equações de Einstein como uma estreita relação entre espaço, tempo e matéria.

Essa grande explosão, provavelmente, gerou todas as coisas boas, bonitas, sensíveis e delicadas no nosso mundo; planetas, sóis, sistemas solares, luas, a Terra, as plantas, flores lindas, pássaros vistosos, os animais fofos e nós, que, muitas vezes não percebemos a perfeição desta criação, preocupados com nossas vidas, trabalhos, problemas, tecnologias, praticidades, orgulhos e vaidades.

Convido-te para fazer comigo uma grande e inesquecível viagem, para que dessa forma possamos conhecer o mundo em que vivemos e admirar sua perfeição, através de valiosos conhecimentos, desvendados pela ciência.

Vamos lá?

CAPÍTULO 3

BIG BANG

Segundo a teoria mais aceita sobre o surgimento do Universo, a do "Big Bang", o espaço, o tempo e a matéria do Universo em que vivemos foram criados simultaneamente da explosão de um aglomerado de matéria super denso, totalmente homogêneo que alcançava temperaturas de trilhões de graus, há cerca de 15 bilhões de anos[2].

Em temperaturas muito altas, como as existentes nas proximidades da origem (10^{32}K, K=kelvin)[3], havia uma espécie de "sopa cósmica" de partículas muito simples, componentes últimos do que veio a ser matéria, tal como a conhecemos[1], elétrons, pósitrons, neutrinos e fótons, criadas a partir da energia pura que depois de uma curta vida eram aniquiladas novamente[4]. Havia também uma pequena quantidade de partículas mais pesadas, prótons e nêutrons, que no mundo atual são os constituintes dos núcleos atômicos (os prótons têm carga positiva e os nêutrons são um pouco mais pesados e eletricamente neutros)[4]. As proporções eram, mais ou menos de um próton e um nêutron para cada mil milhões de elétrons, pósitrons, neutrinos e fótons[4].

Após o Big Bang tudo aquilo que restou da "sopa cósmica" foram classificados em duas categorias: partículas fósseis (como prótons e neutrinos, que permanecem até hoje como tais) e estados ligados (das partículas originais) fósseis[1].

Uma rápida expansão do espaço fez com que, em menos de um segundo, a temperatura cósmica caísse cerca de um quinquilhão de graus[1]. Com o esfriamento do Universo, algumas partículas integrantes da "sopa cósmica" foram formando estados ligados que, abaixo de certa temperatura, deram início à síntese dos núcleos atômicos[1], dando início a um declínio assimétrico de partículas, que só existiam em temperaturas realmente elevadas (elétrons e pósitrons), mais rapidamente do que podiam ser recriados a partir de fótons e neutrinos[4].

A temperatura continuou caindo e ao final dos três primeiros minutos deu início à síntese dos núcleos atômicos, que começou com o núcleo de hidrogênio pesado (deutério), este consiste em um próton e um nêutron[4]. A densidade era bastante elevada de modo que estes núcleos puderam unir-se rapidamente formando um núcleo mais estável, o do hélio (figura 1), que consiste em dois prótons e dois nêutrons[4], os restantes (prótons), isolados, permaneceram como núcleos de hidrogênio[1].

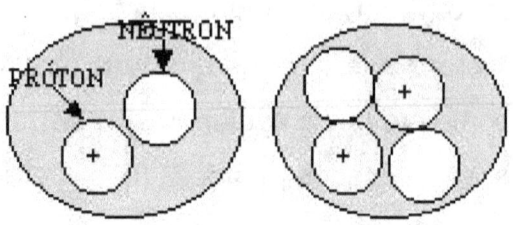

Figura 1- Núcleos atômicos dos elementos: deutério (hidrogênio pesado) e hélio, respectivamente.

Ao final destes processos o Universo continha principalmente; luz, neutrinos e antineutrinos, havia também uma pequena quantidade de material nuclear, formado agora por uns 73% de hidrogênio, 27% de hélio, um milésimo por cento de deutério e menos de um milionésimo por cento de lítio, aproximadamente, e por um número igualmente pequeno de elétrons que haviam restado da época do aniquilamento entre elétrons e posítrons[4]. Isto coincide com o fato, constatado pelas observações, de que o Universo atual é formado basicamente por elementos leves[1]. Os demais elementos devem ter sido processados posteriormente, ao longo da evolução estelar[1] (figura 2).

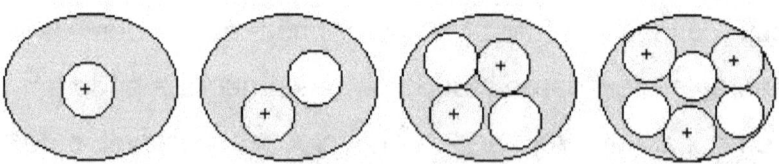

Figura 2- Núcleos atômicos dos elementos: hidrogênio, deutério, hélio e lítio, respectivamente.

Ufa! Complicado não? Às vezes achamos que o dia é muito curto, só tem 24 horas, que não dá para fazer nada, olha só quanta coisa pode ser feita em menos de um segundo. E em três minutos então! Imagine quantos Universos iguais a este podem ser criados em 24 horas. Quanta energia desperdiçada hem!

Depois da síntese dos núcleos, o próximo passo foi a síntese dos átomos[1], quando o Universo possuía a idade de 300.000 anos[5], estes foram formados pela interação dos primeiros com os elétrons[1]. Esta síntese se iniciou em 4.000K de temperatura, o que ocorreu o desacoplamento de matéria e radiação, está última formada pelos fótons (deixados como fósseis) e, em temperaturas inferiores a esta a constituição do Universo era bastante simples: basicamente, átomos de hidrogênio e hélio, distribuídos no espaço de maneira uniforme e isotrópica[1] (figura 3).

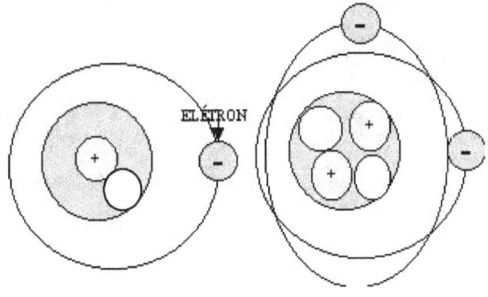

Figura 3- Átomos de hidrogênio (H) e hélio (He), respectivamente.

Tais transformações foram resultados do rápido resfriamento causado pela expansão do espaço[3]. Em bem menos de um segundo a temperatura cósmica caiu do patamar da centena de nonilhões de graus absolutos (10^{32} K) para o patamar da centena de trilhões (10^{14} K), transpondo nessa queda três valores críticos de importância fundamental para a evolução do Universo[3]. Como consequência, o vazio quântico primordial (na teoria quântica, o vazio não se confunde com o nada; ele é concebido como estando cheio de energia) deu origem às partículas dotadas de massa, formadas por efeito da interação gravitacional, onde a matéria tendeu a aglutinar-se[3]. E, o único tipo de força existente logo após o Big Bang sofreu sucessivas diferenciações (desacoplamentos), dando origem às quatro forças, hoje conhecidas como: gravitacional, nuclear forte, nuclear fraca e eletromagnética[3].

Gravitacional- A lei de Newton sobre a gravitação universal estabelece que dois elementos de massas quaisquer se atraem mutuamente, com forças diretamente proporcionais às suas massas e inversamente proporcionais ao quadrado da distância média que os separa[6].

Nuclear forte- Permite que a matéria se organize em elementos mais complexos, é autorreguladora e causa uma imensa atração a distâncias curtas, mas repelindo em distâncias ainda menores, busca manter as massas próximas, sem fundi-las, é uma força agregadora que mantém o núcleo do átomo coeso[7].

Nuclear fraca- É Responsável pela interação de algumas subpartículas, emitindo radioatividade[8]. Ela é a base das reações nucleares que ocorrem no coração do Sol[8].

Eletromagnética- É uma forma de energia liberada durante uma ruptura do núcleo atômico, quando um elétron dá um salto orbital, exemplo: raios X, gama etc.[7].

A partir daí pode-se constatar que as forças estão presentes, influenciam sempre na vida e no ambiente em que se vive. As forças e as energias estão presentes em tudo inclusive em nós. Elas se agregaram e deram origem a matéria, a tudo o que se conhece e até mesmo o que não se consegue ver e nem tocar, mas, sentir.

A transição brusca de temperatura quebrou a simetria inicial, formada por nuvens dos elementos sintetizados[3]. Segundo a astrônoma Sueli Veigas do Instituto Astronômico e Geofísico da Universidade de São Paulo (1997) "quando as temperaturas são extremamente altas, não há diferença de comportamento entre as partículas e é impossível distinguir também as interações que ocorrem entre elas, mas, com o resfriamento do Universo, as partículas e as forças se diferenciam"[3]. E é isso que se caracteriza como quebras de simetria, gerando inomogeneidades, que produziram turbilhões e levaram a formação de estruturas denominadas "cordas cósmicas" (agregação das nuvens, "sementes" das atuais concentrações da matéria para a formação de aglomerados)[3]. Tais "cordas cósmicas" apresentariam a forma de fios finíssimos, porém extremamente maciços, seu diâmetro seria da ordem de grandeza do centésimo do sextilhão do milímetro (10^{-23} mm), enquanto sua massa por unidade de comprimento chegaria ao quinquilhão de toneladas por metro (10^{18} t/m)[3].

Esses fios de vazio quântico, extraordinariamente finos e densos, exerceriam uma poderosa atração gravitacional sobre a matéria, destruindo a homogeneidade inicial e aglutinando os componentes dos futuros aglomerados de galáxias[3]. Sua atuação explicaria o fato de hoje os aglomerados se distribuírem ao longo de grandes filamentos, como se fossem as paredes de imensas bolas de sabão[3].

Dessa forma, então, as galáxias se formaram (a cerca de 10 bilhões de anos) e se configuraram como unidades básicas do Universo, as estrelas se individualizaram dentro de cada galáxia, com um ciclo de vida específico (nascimento, tempo de vida e morte) ao percorrerem suas longas órbitas em torno do centro galáctico[9].

Percebe-se que apesar das estrelas não terem vida, como se conhece no planeta Terra, todas elas passam por um ciclo que todos os seres vivos também passam: nascimento, tempo de vida (que seria o crescimento e a reprodução nos seres vivos) e a morte, que é a única certeza de todo tipo de vida.

As galáxias se apartaram cada vez mais umas das outras em um movimento contínuo de expansão do Universo[9], deram origem aos aglomerados de galáxias e, aglomerados de aglomerados, chamados de superaglomerados[1]. As distâncias médias entre as galáxias continuaram se modificando com o tempo e o espaço criado entre estas, chamado espaço intergaláctico, foi se tornando relativamente límpido com a presença de alguns gases e raramente uma estrela[10].

CAPÍTULO 4

A GALÁXIA EM QUE VIVEMOS

A galáxia em que vivemos é a Via Láctea[11]. Esta é um componente de um aglomerado de galáxias conhecido como Grupo Local[11]. As galáxias pertencentes a este grupo estão dentro de um limite aproximado de dois milhões de anos-luz (anos-luz é à distância em que a luz percorre durante um ano = 10^{13} km [12]) da Via Láctea e formam um conjunto de 17[11].

A Via Láctea é um sistema achatado de estrelas, circundado por uma faixa de agrupamentos globulares, com cerca de 100.000 anos-luz de diâmetro e vários milhares de anos-luz de espessura, é uma galáxia espiralada grande, maior que quase todas as suas vizinhas[11]. A sua forma achatada está relacionada ao seu movimento, o Sol e as estrelas vizinhas estão girando ao redor do seu centro com uma rapidez da ordem de 240 km/s (quilômetro/segundo)[11]. A Via Láctea tem cerca de 10 estrelas, se dividirmos esse número por cinco, teremos o número de sistemas solares da nossa galáxia[13].

Nosso sistema solar está próximo da periferia da Via Láctea, em um dos braços espirais e distante do seu centro cerca de 30.000 anos-luz, possui uma dimensão da ordem de um milésimo de ano-luz, (10^{-3} anos-luz)[13] (figura 4).

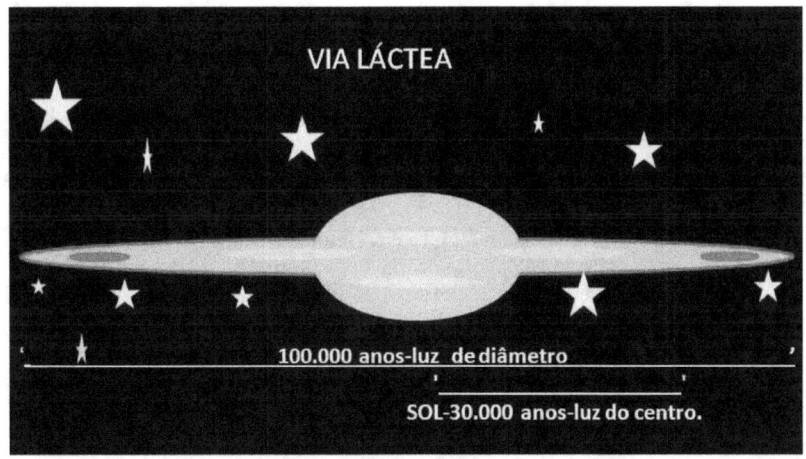

Figura 4- Via Láctea.

É difícil imaginar a quantidade de sistemas solares presentes em todas as galáxias existentes no Grupo Local, e nos outros aglomerados de aglomerados de galáxias que existem no Universo.

Seria fascinante viajar por este imenso Universo e observar as belezas espalhadas por ele, todas as galáxias com seus sistemas solares, cada um deles com seus sóis, planetas e luas, suas atmosferas, as cores formadas por seus gases, seus anéis, como os de Saturno. Quanta beleza, quantos formatos, tamanhos e cores seriam vistos.

Diante de todo esse conhecimento fica difícil acreditar que no meio de tantas galáxias, de aglomerado de galáxias e de aglomerados de aglomerados de galáxias, com sistemas solares parecidos com o que vivemos, e cada um deles com planetas semelhantes, apenas o planeta Terra tenha vida. Se o tempo de formação de todos esses aglomerados de galáxias foi o mesmo, então, o que impede que existam planetas como a Terra, com os mesmos constituintes, as mesmas condições ambientais e com vida semelhante às encontradas aqui?

A imaginação pode até levar a planetas, há anos e anos luz do planeta Terra, com condições ambientais diferentes, mas, que também levaram a formação de vida, consequentemente, não igual as já conhecidas e com características evolutivas até mais avançadas...

CAPÍTULO 5

O SISTEMA SOLAR

O sistema solar é uma região do espaço dentro do sistema gravitacional do Sol que conhecemos, embora seja uma porção pequena do Universo inteiro é 50 bilhões de bilhões de vezes mais volumoso do que a própria Terra[14]. Ele é composto por 290 luas, oito planetas e cinco planetas anões, mais de 1,3 milhão de asteroides e cerca de 3.900 cometas[15], uma estrela, o Sol, mais uma quantidade sem fim de aglomerados de poeira, moléculas de gás e átomos dissociados[19].

Chama-se sistema solar porque é composto por uma estrela, o Sol, e por tudo o que lhe está ligado pela gravidade; os planetas Mercúrio, Vénus, Terra, Marte, Júpiter, Saturno, Urano, Netuno e, os planetas anões, Plutão, Ceres, Makemake, Haumea, Eris[15].

Ele está localizado em um braço espiral externo da Via Láctea, chamado Braço de Orion, ou Orion Spur. Orbita o centro da galáxia a cerca de 828.000 km/h (quilômetro/hora)[15]. Demora cerca de 230 milhões de anos para completar uma órbita ao redor do centro galáctico[15]. E é o único que conhecemos que possui um planeta que sustenta vida. Até agora, só conhecemos vida no planeta Terra[15].

O sistema solar formou-se a pouco mais de 4,5 bilhões de anos, pela contração gravitacional de nuvens interestelares de gás e poeira contendo hidrogênio, ferro, carbono, oxigênio e nitrogênio, a nebulosa solar primitiva[9]. Como essa nebulosa tinha uma rotação, sua contração não só concentrou matéria na área central, onde nasceu o Sol, mas gerou também um extenso disco de gases e poeira perpendicular ao eixo de rotação[16]. Nesse disco, os grãos de poeira começaram a se agregar em objetos cada vez maiores, produzindo corpos, chamados planetesimais, com diâmetro entre alguns quilômetros até centenas de quilômetros[16].

Da agregação de planetesimais resultaram corpos ainda maiores, capazes de atrair a matéria dispersa na vizinhança, gerando em centenas de milhões de anos os planetas e satélites[16]. Asteroides e cometas são exemplos de planetesimais que sobrevivem até hoje, não se juntaram aos planetas nem foram destruídos em colisões[16].

Os planetas mais próximos do Sol tiveram que suportar o calor máximo, o que fez com que certos elementos leves de sua composição se disseminassem pelo espaço[9]. Por esse motivo é que Mercúrio, Vênus, Terra e Marte são pequenas massas rochosas, compactas[9]. E longe do Sol, até mesmo gases leves como o metano e a amônia podiam ser captados e conservados por um planeta em formação[9]. Por isso os planetas gigantes, Júpiter, Saturno, Urano e Netuno, provavelmente contêm o mesmo teor de material rochoso que a Terra, mas essas rochas encontram-se profundamente enterradas sob as grossas camadas de sua atmosfera gasosa[9] (figura 5).

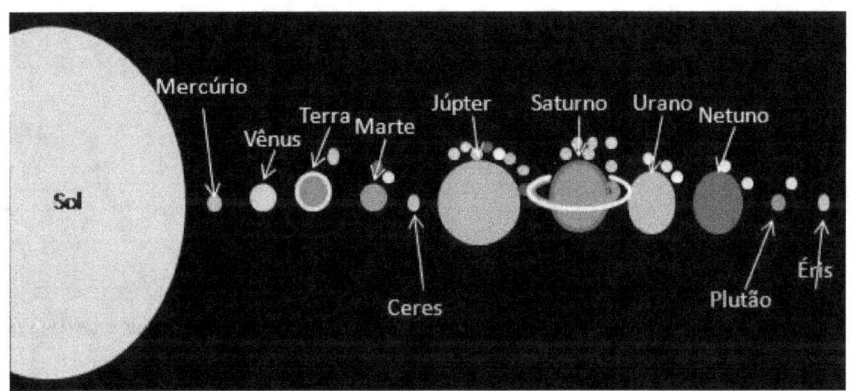

Figura 5- Desenho esquemático do sistema solar- da esquerda para a direita tem: Sol, Mercúrio, Vênus, Terra, Marte, Ceres, Júpiter, Saturno, Urano, Netuno, Plutão, Eris e algumas de suas luas.

Os planetas do sistema solar diferenciam-se essencialmente por suas distâncias em relação ao Sol[9], este contém 110 UA (Unidades Astronômicas = 150 x 10^6 quilômetros) de diâmetro[12], reúne um total de 99,86% da substância do sistema solar, é o centro de rotação deste sistema e é formado apenas por gás[14].

Até Agosto de 2006, quando a União Astronômica Internacional alterou a definição oficial do termo planeta, Plutão era considerado o nono planeta do Sistema Solar[17]. Hoje é considerado um planeta anão, por ser muito pequeno, juntamente com Ceres, Eris, Haumea e Makemake[18]. Segundo essa União, pode haver muito mais planetas anões, talvez mais de uma centena à espera de serem descobertos[15].

Desde agosto de 2006 o sistema solar tem uma nova categoria de objetos, que são os planetas anões[18]. Planeta anão é um corpo celeste muito semelhante a um planeta, dado que orbita em volta do Sol e possui gravidade suficiente para assumir uma forma com equilíbrio hidrostático (aproximadamente esférico), porém não possui uma órbita desempedida, orbitando com milhares de outros pequenos corpos celestes[18].

Ceres, que até meados do século XIX era considerado um planeta principal, orbita numa região do sistema solar conhecida como cinturão de asteróides[17]. Por fim, nos confins do sistema solar, para além da órbita de Netuno, numa imensa região de corpos celestes gelados encontram-se Plutão e o descoberto Éris[17].

Próximos do Sol encontram-se os quatro planetas telúricos, compostos de rochas e silicatos, são eles Mercúrio, Vénus, Terra e Marte[54]. Depois da órbita de Marte encontram-se quatro planetas gasosos (Júpiter, Saturno, Urano e Neptuno)[54], que são uma espécie de planetas colossais que se podem dividir em dois subgrupos: Júpiter-Saturno e Urano-Neptuno[12].

Seguindo a ordem de distâncias dos planetas em relação ao Sol temos:

Mercúrio- está distante do Sol 0,4 UA, com um diâmetro de 0,4 UA [12], gira em 59,5 dias terrestres, em torno do seu eixo[14]. Enquanto a face externa do planeta, voltada para o espaço congela, a face interna, voltada para o Sol, torra em temperaturas que podem aproximar-se a 350 °C (graus Celsius)[14]. A gravidade na sua superfície é de 3/8 em relação da Terra[14]. Este planeta não possui atmosfera, pois, sua massa é muito pequena e a gravidade em sua superfície é também pequena e insuficiente para reter uma atmosfera[12].

Vênus- distante do Sol 0,7 UA, contêm 1,0 UA de diâmetro[12], sua atmosfera é um manto impenetrável de nuvens amarelo-esbranquiçadas[14] que é constituída principalmente de gás carbônico (95%)[19], um pouco de água e não possui oxigênio livre[14], contendo ainda pequenas quantidades de nitrogênio, ácido clorídrico e monóxido de carbono[19]. Gira em torno do seu eixo muito lentamente, completando uma rotação em 250 dias terrestre e órbita solar em 224,7 dias, sua temperatura chega a 300 °C [14].

Terra- está afastada do Sol 1,0 UA, possui diâmetro 1,0 UA [12], sua temperatura varia de 60 °C a –90 °C [9]. Contém água, uma atmosfera de nitrogênio (78,084%), oxigênio (20,946%), Argônio (0,934%), gás carbônico (0,031%) e pequeníssimas quantidades de neônio, hélio, metano, criptônio, hidrogênio, óxido nitroso, xenônio, monóxido de carbono e ozônio[19], com apenas um satélite, a lua[20].

Marte- é o único que pode abrigar vida depois da Terra[14], está a 1,5 UA de distância do Sol com um diâmetro de 0,5 UA [12]. Sua temperatura média é cerca de –50 °C [14] a 20 °C [9], sua atmosfera contém gás carbônico, nitrogênio, um pouco de água, azoto, oxigênio e monóxido de carbono[19]. Seu ano tem a duração de 687$^{1}/_{2}$ dias terrestres, seus dias duram 24$^{1}/_{2}$ horas terrestres e possui ainda dois minúsculos satélites (Fobos e Deimos) [14].

Ceres- descoberto em 1801 pelo italiano Giuseppe Piazzi (1746-1826), tem massa de um centésimo da massa da Lua, e diâmetro de 1000 km (quilômetro)[17].

Júpiter- fica a 5,2 UA de distância do Sol com um diâmetro de 11,2 UA [12], sua gravidade é 2¹/₂ vez maior que a da Terra[14]. Apesar do seu monstruoso tamanho e massa, Júpiter tem uma densidade pequena, ¼ da Terra e, toda essa gigantesca esfera gira por dia em apenas 9 horas e 50 minutos[14], contém dezesseis satélites[20] e seu ano tem a duração de 11,9 anos terrestres[14]. Ele se compõe de substâncias leves como o hidrogênio, amoníaco, metano[14] e hélio[19].

Saturno- sua distância do Sol é de 9,5 UA e seu diâmetro é também de 9,5 UA [12], gira em torno do Sol uma vez a cada 29,5 anos terrestres, seus dias têm a duração de 10 horas e 14 minutos[14]. Seu equador é circundado por três anéis de neve e areia[14], têm também dezessete satélites[20], o maior deles é Titã que tem o tamanho de Mercúrio, além de Titã o mais afastado de todos é Fobo, que é um dos seis de todo o sistema solar que giram em sentido oposto ao de rotação de seus planetas[14]. Saturno é constituído por hidrogênio, metano, gás amoníaco[14] e hélio[19].

Urano- está distante do Sol 19,2 UA, com um diâmetro de 3,7 UA [12], sua temperatura é de, pelo menos, 170 ºC abaixo de zero, o ano tem a duração de 84 anos terrestres e os seus dias duram 10 horas e 49 minutos, possui cinco satélites[14] e é constituído provavelmente por gelo, com algumas partículas sólidas de amoníaco, hidrogênio, metano e hélio[9].

Netuno- se distancia do Sol 30,1 UA, tem um diâmetro de 3,5 UA [12], orbita em torno do Sol uma só vez em cada 166 anos, dois satélites viajam com ele, um dos quais é chamado de Tritão[14], é formado provavelmente por metano, água, amoníaco gelados[9], hidrogênio e hélio[19].

Plutão- o mais distante dos planetas do sistema solar, com uma distância do Sol de 39,5 UA e diâmetro de aproximadamente 1,0 UA [12], possui três satélite[17]. Seu ano tem a duração de 248 anos terrestres e sua temperatura fica em torno do zero absoluto[14], que corresponde a -273,15 graus Celsius[3].

Eris- tem aproximadamente o mesmo tamanho que Plutão, conforme as medidas feitas com o Telescópio Espacial Hubble em 9 e 10 de dezembro de 2005[17]. Seu diâmetro foi estimado em 2398 ± 97 km, comparado com 2288 km de Plutão[17]. O asteróide Eris varia de distância ao Sol entre 38 UA e 98 UA, provavelmente foi deslocado de sua órbita por Netuno, e tem um plano de órbita bem inclinado em relação ao dos planetas (44°), é 27% mais massivo que Plutão e tem um satélite[17].

Teoricamente, a influência gravitacional do Sol se estende a uma distância de milhares de vezes a órbita de Plutão, antes de ser neutralizada pela atração de outras estrelas[14]. Qualquer planeta que possa existir nessas enormes distâncias não tem muita probabilidade de serem grandes, nem mesmo densos[14].

Fora do Sistema Solar já foram descobertos alguns planetas. Um deles é duas vezes maior que Júpiter e contém indícios de presença de água, orbita a estrela 47 Ursa maior e está distante cerca de 300 trilhões de km da Terra[21]. Outro planeta descoberto é seis vezes maior que Júpiter, está na órbita da estrela 70 Virgínia, na constelação de Virgem[21]. Outro foi detectado a gravitar à volta da estrela HD-187123 a uma distância da ordem de 1/25 da distância da Terra ao Sol, este planeta encontra-se na direção da constelação Cisne, cerca de 154 anos-luz de distância da Terra e, descreve uma órbita em apenas três dias[22].

Mais um foi detectado a gravitar em torno da estrela HD-210227 a uma distância igual à que separa a Terra do Sol e encontra-se a 68 anos-luz da Terra, na direção da constelação de Aquário, tendo a sua órbita uma duração de 437 dias terrestres[22].

Desde 1985 uma dúzia de planetas extras solares já foi catalogada[23], mas todos são gigantes gasosos como Júpiter, impróprios a vida[22]. Em torno da estrela Vega, a 21 anos-luz da Terra, foi descoberto, no final de março/1998, um sistema planetário muito semelhante ao nosso, com planetas rochosos parecidos com a Terra[23].

Em um experimento realizado em uma gota de hélio os cientistas foram capazes de criar estruturas como as do surgimento do Universo (tabela 1).

Quanta coisa, quantos planetas, quanta matéria, quanto espaço e mesmo assim, leva-se uma vida tão perfeita dentro deste pequeno e aconchegante planeta Terra. Conhece-se tão pouco de Marte, um planeta vizinho, dentro do sistema solar, imagine o resto de toda essa imensidão. Quanto mundo existe lá fora a ser explorado. Agora entendo quando dizem que o Universo é infinito, realmente fica difícil imaginar um limite.

Tabela 1- Em uma gota de hélio, os cientistas criaram estruturas como as do surgimento do cosmo (Arantes, 1997[3]).

ACONTECIMETO	TEMPERATURA	TEMPO
Big Bang	---------	---------
Separação da força gravitacional	10^{32} k	10^{-44} s
Separação das forças forte e fraca	10^{28} k	10^{-35} s
Expansão acelerada	10^{27} k	10^{-32} s
Separação das forças eletromagnética e fraca	10^{15} k	10^{-10} s
Formação dos prótons e antiprótons	$10^{14} - 10^{12}$ k	$10^{-8} - 10^{-4}$ s
Formação dos elétrons e pósitrons	10^{12} k	$10^{-4} - 10$ s
Formação dos nêutrons	$10^{11} - 10^{10}$ k	10 - 300 s
Fusão de núcleos de hidrogênio em núcleos de hélio	10^9 k	---------
Formação de átomos	3000 k	3×10^5 anos
Formação de estruturas em grande escala	--------	3×10^8 anos
Primeiras galáxias e quasares	--------	10^9 anos
Formação da Via Láctea	--------	15×10^9 anos
Formação do Sistema Solar	--------	15×10^9 anos
Primeiras células com núcleo	--------	18×10^9 anos
O mundo de hoje	2,7 k	20×10^9 anos

CAPÍTULO 6

A FORMAÇÃO DO PLANETA TERRA

O planeta Terra surgiu da condensação de uma nuvem de matéria interestelar a partir de seu centro, como parte de outra nuvem maior que se desfez para formar nosso sistema solar (há pouco mais de 4,5 bilhões de anos)[9]. Quando o Sol se formou pela condensação desta nuvem, grande parte dela, provavelmente cem vezes maior que a massa total dos atuais planetas, permaneceu no exterior, como um gigantesco envoltório em rotação rápida, constituído de gases não condensáveis (hidrogênio, hélio e pequena quantidade de outros gases) e partículas de poeira de vários materiais terrestres (tais como óxidos de ferro[24], óxidos de magnésio[9], compostos de silício, gotículas de água e cristais de gelo[24]) que flutuavam no interior do gás e eram arrastadas pelo movimento de rotação destes[24].

A formação de enormes blocos de material "terrestre" ocorreu, provavelmente, em consequência de colisões entre as partículas de poeira e da sua gradual agregação em corpos cada vez maiores[24]. As colisões ocorreram em velocidades comparáveis à dos meteoritos, em tais velocidades, as colisões entre partículas de massa aproximadamente iguais resultaram em pulverizações mútuas e quando as pequenas partículas resultantes destas pulverizações colidiram com outras maiores, incrustaram-se no corpo destas, formando novas massas, maiores[24].

Esses dois processos resultaram no desaparecimento gradual das partículas menores e na agregação do seu material em corpos maiores[24]. Os blocos maiores de matéria atraíram pela gravitação as partículas menores que passavam nas proximidades, acrescentando-as à sua própria massa em crescimento[24].

Durante sua formação a Terra foi se tornando quente[24]. Primeiro, a força gravitacional se converteu em calor à medida que as partículas se precipitavam e se chocavam com o protoplaneta[24], que era provavelmente 500 vezes mais pesado e tinha um diâmetro 2.000 vezes maior do que o atual[25]. No percorrer de milhões de anos, os elementos mais pesados foram se afundando para o interior deste e formou um maciço núcleo, envolto em gases mais leves, principalmente hidrogênio e hélio[25]. Nesse intervalo, o Sol também se foi contraindo, no devido tempo, alcançou a densidade crítica em que as suas reações nucleares internas começaram a produzir calor[25].

Até essa altura, todo o processo havia ocorrido na escuridão, mas, depois o Sol começou a brilhar e a despejar, por evaporação, jorros de sua superfície[25]. Esses jorros quentes varreram do planeta os gases ainda a eles presos[25]. O planeta foi se aquecendo mais ainda e a expulsão dos gases aumentou com a evaporação[25]. A Terra provavelmente perdeu quase todo o hidrogênio e hélio atmosféricos nos cinco bilhões de anos decorridos desde o seu nascimento, ao passo que conservou grandes quantidades das moléculas mais pesadas de azoto, oxigênio, vapor de água e dióxido de carbono[26]. Isso explica por que o hidrogênio se encontra praticamente ausente de nossa atmosfera, permanecendo na Terra apenas sob forma combinada, na água e outros compostos químicos[26]. Também explica por que o gás inerte hélio, que praticamente não entra em nenhum composto, é tão raro em nosso planeta[26].

Como era rico em ferro devia encontrar-se em estado de fusão, pelo qual os glóbulos de ferro fundido forçaram entrada no núcleo da Terra através da matéria rochosa mais leve, que ficaram flutuando na superfície, formando uma crosta sólida ao esfriar[9].

Depois de centenas de milhões de anos, consumida pela radiação solar a maior parte da massa, restou o planeta de proporções reduzidas, aquecido pelo Sol[25] que se transformou em um elipsoide de rotação quase esférico[27], com um diâmetro equatorial de 1,0 UA [20] e o polar um pouco menos que isto[27], com uma densidade total de 5,5 g/cm³ (grama/centímetro) e massa de 5,98 x 10^{27} kg (quilograma)[28], o raio da esfera em torno de 6,371221 x 10^6 m (metro), uma área de 5,101009 x 10^{14} m², volume de 1,083320 X 10^{21} m³ [20] e peso aproximado de seis (6) trilhões de toneladas[28].

CAPÍTULO 7

CONSTITUIÇÃO DO GLOBO TERRESTRE

A Terra não é homogênea[22] e está dividida em quatro regiões principais: o **Núcleo**, a região central da Terra, o **Manto**, uma camada muito espessa acima do Núcleo, a **Crosta**, uma fina camada superficial acima do manto e, a **Atmosfera**, que fica logo acima da Crosta e é constituída pelo ar que envolve a Terra e se move em correntes ao seu redor[20] (figura 6).

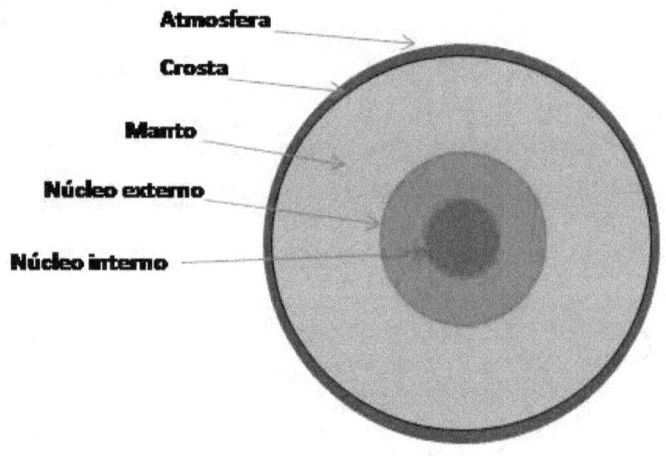

Figura 6- Regiões principais da Terra.

O **Núcleo** é constituído por ferro, níquel[25], um pouco de enxofre e silício[9], sua densidade é mais ou menos igual ao ferro quando submetido às altas pressões existentes nessa profundidade[29]. As temperaturas e pressões dentro da Terra são altíssimas; calcula-se que no núcleo o calor seja de aproximadamente 3.500 °C e a pressão de 3.750 toneladas por centímetro quadrado[9], com uma massa de 1.88 x 10^{27} kg, raio de 3.480 km e densidade média de 10.6 g/m^3 [28].

O ferro que, segundo as evidências astronômicas, existe em abundância no Universo, é relativamente raro na crosta terrestre, sugerindo a possibilidade de que, pelo seu grande peso, se tenha afundado até o centro do planeta[29].

O **Núcleo** está dividido em **interno** e **externo**[29]. O **Núcleo interno** possui um raio de 1.200 km, se encontra em estado sólido e está envolvido pelo **Núcleo externo**, que se encontra em estado líquido, cuja espessura aproximada é de 2.000 km [20].

Cobrindo o Núcleo externo se encontra o **Manto** que alcança a profundidade de até 2.900 km e representa 82% do volume da Terra[9], possui uma massa de 4.08 x 10^{27} kg e densidade de 4.6 g/cm^3, com uma espessura ou raio de 2.870 km [28]. Próximo à parte superior, o **Manto** acha-se parcialmente fundido, na consistência de uma massa viscosa[9], pois, a matéria que o constitui encontra-se em temperaturas elevadíssimas[20]. Esta zona chama-se **astenosfera** que é a parte mais fina, de suma importância, pois serve de "lubrificante" sobre o qual a crosta terrestre pode mover-se, permitindo assim o deslocamento dos continentes pela superfície do globo[9].

O **Manto** pode ser dividido em três zonas: o **Manto superior**, que tem a espessura de cerca de 370 km e é formado por rochas densas de cor escura, compostas de silicatos ricos em ferro e magnésio[9]. Uma **zona de transição**, com espessura em torno de 600 km, é nessa região, onde o manto superior converte-se gradualmente em **Manto inferior**, as altas pressões mudam a estrutura dos minerais[9]. E o **Manto inferior**, com cerca de 1.900 km de profundidade, é formado por minerais com estruturas muito compactas produzidas pelas altas pressões que é provavelmente óxidos simples[9].

Entre o Manto e a Crosta existe uma fronteira bem definida denominada **Descontinuidade de Mohorovicic**[9]. Ela é encontrada a maior profundidade sob os continentes do que sob os oceanos. Nos continentes ela ocorre comumente a cerca de 40 km abaixo da superfície, nos oceanos, a cerca de 7 km abaixo do soalho oceânico[28].

Acima do Manto se encontra a **Crosta** que representa uma película fina quando vista em escala global, apenas 0.6 % do volume total do planeta[9], esta possui uma espessura variável, mas em geral não excede 40 km [20]. É a parte sólida da Terra sendo constituída de rochas e mineral[20], é menos densa que o Manto, do qual derivou por um complexo processo que durou muitos milhões de anos[9]. Quimicamente se encontra constituída por oxigênio (47 %), silício (28 %) e em menores concentrações alumínio, ferro, cálcio, sódio, potássio e magnésio[27].

Há dois tipos de **Crosta**: a **continental**, que forma os continentes[9], possui uma espessura aproximada de 40 km, massa 1.6×10^{25} kg e densidade média de 2.8 g/cm^3 [28]. E a **oceânica**, que forma os solos marinhos[9], possui uma espessura de 7 km, massa de 7.0×10^{24} kg e densidade média de 2.8 g/cm^3 [28]. A continental é menos pesada e muito mais espessa que a oceânica e é também mais antiga[9]. Parte dela tem mais de 3.500 milhões de anos, ao passo que nenhuma parte da crosta oceânica tem mais de 200 milhões de anos[9].

A Crosta é também chamada de **litosfera** (do grego lithos que significa pedra)[30]. E a água dos oceanos, rios ou das geleiras constitui a **hidrosfera**[30] que ocupa certa de 1.600 milhões de quilômetros sobre a Terra, possui um peso de

1.322.355.000.000.000.000 toneladas (segundo Van Hise) e representa um volume de 0.10 % do globo terrestre[31].

Segundo Clark (1973)[28] os oceanos possuem uma espessura de 4 km, massa de 1.39×10^{24} kg e densidade média de 1.0 g/cm^3.

CAPÍTULO 8

A ATMOSFERA DA TERRA

A camada mais externa da Terra, a **Atmosfera,** é a mais tênue[20]. Constitui o ar que envolve a Terra e se move em correntes ao seu redor[30], filtra os raios solares letais e a maior parte dos raios cósmicos provenientes do espaço, incinera a maioria dos meteoros antes que alcancem a superfície do nosso planeta e acumula o calor proporcionado pelo Sol[32]. Sua massa é 1.000.000 vezes menor que a massa da parte sólida da Terra[20]. Inicia-se junto à Crosta, onde sua densidade é máxima e vai se tornando cada vez menor à medida que se afasta do solo, até, finalmente, confundir-se com os rarefeitos gases interplanetários[20]. Sua massa é de $5,1 \times 10^{21}$ [28].

Não há um limite superior para a Atmosfera, sabe-se, entretanto, que cerca de 90% da massa total da atmosfera está confinada nos primeiros 20 km e 99,9% nos primeiros 50 km [20]. Acima de 100 km de altitude existe apenas cerca de um milionésimo da massa total da Atmosfera, acima de 1.000 km uma fração de apenas 10^{-13} de sua massa total[20].

A Atmosfera terrestre está constituída de nitrogênio (78.08%), oxigênio (20.95%), argônio (0.9%), gás carbônico

(0.03%) e em menores proporções, neônio, hélio, metano, criptônio, hidrogênio, dióxido de nitrogênio, xenônio, ozônio, dióxido de enxofre, vapor de água, óxido nitroso, monóxido de carbono, sendo os seguintes elementos: dióxido de carbono, ozônio, dióxido de enxofre, dióxido de nitrogênio e vapor de água de concentrações variáveis[20].

As partículas presentes na Atmosfera apresentam raio variando de 10^{-3} a mais de 10^2 μm (micrômetros), as partículas materiais são importantes na atmosfera como núcleos de condensação e de cristalização, como absorvedores e espalhadores da radiação, também como participantes de vários ciclos químicos[20].

A presença de vapor de água, ozônio e gás carbônico é importante porque absorvem a radiação infravermelha emitida pelo Sol[20]. O vapor de água serve como um veículo para o transporte de calor na atmosfera, conduzindo-o sob a forma latente e liberando-o como calor sensível[20]. Além disso, atua como agente termorregulador, em virtude do "efeito estufa" que produz, que é à radiação de onda curta e, absorvedor eficiente da radiação infravermelha[20]. O dióxido de carbono, embora presente em pequenas proporções desempenha também, a exemplo do vapor de água, o papel de termorregulador, sendo absorvedor eficiente de radiação de ondas longas[20].

A crescente emissão de CO_2 para a Atmosfera, em razão do uso generalizado de combustíveis fósseis, representa uma preocupação a mais, atualmente[20]. Teme-se que o aumento de CO_2 na atmosfera possa causar um superaquecimento dela, com o consequente desequilíbrio climático do Globo, o que poderá, em última análise, colocar em risco a sobrevivência da humanidade[20]. Atualmente já estamos sofrendo com o aumento da emissão de CO_2 assim como o de outros gases que, juntos, estão aumentando o efeito estufa e provocado variações climáticas em várias regiões de nosso planeta[20].

A presença do ozônio, O_3, na superfície é bastante reduzida, podendo, entretanto, ser aumentada na presença de atividades industriais e com a queima de combustíveis fósseis[20]. Neste caso, é considerado poluente, em virtude de seu poder oxidante, causando grandes danos à vegetação e à saúde animal[20]. Suas concentrações máximas ocorrem entre 15 e 30 km de altitude[20], formando a camada de ozônio.

A Atmosfera está dividida em cinco regiões, a partir da superfície da Terra: a **Troposfera**, a **Estratosfera**, a **Mesosfera**, a **Ionosfera** e a **Exosfera**[32]. Cada uma tem características próprias, interagem entre si trocando propriedades, pois, não existem limites físicos que as separem[20].

Aproximadamente 75% da massa total da Atmosfera e, praticamente, todo o vapor de água encontram-se concentrados na camada inferior, a **Troposfera**, que se encontra em contato com a superfície da Terra[20]. A Troposfera, onde vive o homem, encerra as correntes de ar que condicionam a maioria dos estados meteorológicos[32]. Atinge uma altitude aproximada de 15-18 km no equador e 6-8 km nos polos, sendo sua espessura variável com as estações do ano[20]. A temperatura na Troposfera cai rapidamente com a altitude, numa rapidez média de 0,6 °C em cada 100 m de elevação[20]. Nos polos, onde é mais baixa, a temperatura desce a uns –51 °C, mas no equador baixa a –73°C [20].

A Troposfera é aquecida principalmente pela absorção de radiação de ondas longas (comprimentos de onda de 3 a 200 μm) emitida pela superfície terrestre, a qual, por sua vez se aquece pela absorção de radiação solar (ondas curtas - comprimentos de onda de 0,2 a 3 μm)[20]. Através de toda a Troposfera, o ar, quente ou frio, seco ou úmido, denso ou rarefeito, é uma mistura dos seguintes elementos: nitrogênio (N_2), oxigênio (O_2), argônio (Ar), vapor de água (H_2O), dióxido de carbono (CO_2), neônio (Ne), hélio (He), metano (CH_4), criptônio (Kr), hidrogênio (H_2), óxido nitroso (N_2O), monóxido de carbono (CO), xenônio (Xe), ozônio (O_3), dióxido de nitrogênio (NO_2), óxido nítrico (NO), dióxido de enxofre (SO_2), hidrogênio sulfídrico (H_2S), amônia (NH_3), formaldeído (CH_2O), ácido nítrico (HNO_3), metil clorídrico (CH_3Cl), ácido hidroclorídrico (HCl), freon-11 ($CFCl_3$), freon-12 (CF_2Cl_2), carbono tetra clorídrico (CCl_4)[20].

Depois vem a **Tropopausa** que é a região de transição entre a Troposfera e a Estratosfera[20]. Sua principal característica é a isotermia[20]. Nas latitudes médias, a temperatura da Tropopausa varia de -50 a -55 °C e sua espessura é da ordem de 3 km [20].

Para além dos limites da Troposfera começa a chamada **Estratosfera**, camada que se estende de 16 a 24 km de altura[20]. Aí a temperatura cresce, atingindo, no topo, valores máximos próximos de zero grau Celsius[20]. Esse comportamento é atribuído à absorção da radiação ultravioleta pelo ozônio, que está presente nesta região formando a camada de ozônio[20], que absorve os mortíferos raios ultravioletas provenientes do Sol, possibilitando assim a vida sobre a Terra[32].

Nesta camada, em razão do seu perfil estável de temperatura, frio por baixo e quente por cima, observa-se uma ausência quase completa de movimentos verticais[20].

Acima desta camada vem a **Estratopausa**, que é a região de transição entre a Estratosfera e a Mesosfera[20]. Sua temperatura se encontra em torno de zero grau Celsius e possui uma queda acentuada na concentração de oxigênio molecular[20]. Tem uma espessura média é de 3 a 5 km [20].

A **Mesosfera** se encontra acima da Estratosfera, ela é aquecida por baixo (pela camada de ozônio)[20]. Portanto, a temperatura também decrescerá, neste caso a uma taxa de 3,5 °C por quilômetros, atingindo, no topo da camada, 80 km de altitude, o valor mais baixo de toda a Atmosfera, em média, -90 °C [20]. Embora a proporção entre nitrogênio e oxigênio seja considerada constante nesta camada, a presença de moléculas torna-se cada vez mais rara, a partir da base, sendo os elementos encontrados mais na forma monoatômica[20]. O vapor de água e o CO_2 praticamente já não existem mais a partir dos 60 km aproximadamente[20]. Nessa região predomina a ocorrência de íons e partículas livres e é onde são observadas as auroras[20]. Nela, os movimentos verticais, embora tênues, existem[20]. Nesta camada é incinerada a maior parte dos meteoros que vem do espaço sideral[32].

A **Mesopausa** é a região de transição entre a Mesosfera e a Ionosfera[20]. Possui uma espessura média de 10 km, com limites entre 80 a 90 km [20].

Acima de 80 km de altura, e estendendo-se de 600 a 1.000 km, situa-se a **Ionosfera**[32], uma região onde o ar é centenas de milhares de vezes menos denso do que o ar na superfície da Terra e contém apenas uma pequena fração de 1% da quantidade total de ar atmosférico[33]. Mas, esta camada, desempenha um papel de extrema importância pelo fato de formar a fronteira entre a atmosfera e o espaço sideral[33]. Ela se encarrega de repelir os invasores hostis, funciona como um refletor e um absorvedor parcial das ondas de rádio emitidas pelas estações transmissoras[33].

Nesta região, os raios X, como os raios ultravioleta procedentes do Sol, ionizam o ar rarefeito e produzem átomos e moléculas carregados de eletricidade, em vez de nêutrons e elétrons livres[32]. É constituída principalmente de uma camada de oxigênio, a temperatura chega a elevar-se a 1.100 °C, mas o ar é tão rarefeito que essa temperatura tem pouca significação prática, pois nenhum corpo imóvel dentro de tal camada poderia absorver grande quantidade de calor, extraindo-lhe o ar rarefeito[32].

A **Exosfera** é a camada mais exterior da Atmosfera, trata-se de uma camada de 1.500 km, composta de hélio tenuemente disperso, rodeada por outra camada de hidrogênio que se estende por mais de 6.000 km antes de se desvanecer no vazio espacial[32]. Ela aprisiona as partículas subatômicas provenientes do Sol, seus átomos e moléculas acham-se tão separados uns dos outros que raras vezes se chocam e alguns deles escapam para sempre da atração exercida pela Terra[32].

CAPÍTULO 9

A CAMADA DE OZÔNIO

Esta camada se encontra dentro da Estratosfera[20]. Suas concentrações máximas ocorrem entre 15 e 30 km de altitude[20].

O ozônio absorve radiação ultravioleta na faixa de 2.400 a 3.200 Å (angstrom), impedindo que a radiação letal chegue à superfície da Terra o que provocaria a morte de organismos unicelulares (algas, bactérias, protozoários) e de células superficiais de plantas e animais[20]. Esta radiação poderia, também, danificar o material genético das células[20] (DNA - Ácido desoxirribonucleico). A incidência de câncer de pele correlaciona-se estatisticamente com a intensidade de radiação ultravioleta na faixa entre 2.900 e 3.200 Å [20]. Ele também desempenha um importante papel no aquecimento da alta atmosfera, pela absorção de radiação nas faixas ultravioleta visível e infravermelha do espectro eletromagnético[20]. Esse aquecimento, por sua vez, atua como principal fonte de energia para os movimentos atmosférica superiores (50 a 100 km)[20].

Este gás é formado quando uma descarga elétrica ou fortes raios ultravioletas atravessam o oxigênio comum (O_2), onde se dissocia em oxigênio atômico (O), que se une ao oxigênio molecular (O_2) presente na região e se transforma em uma molécula de ozônio (O_3), [(O_2 = O + O) – (O + O_2 = O_3)][20]. O ozônio formado tem um tempo de vida muito curto, mas o número de moléculas de ozônio formadas é exatamente igual ao número de moléculas destruídas, estando à camada de ozônio num estado de equilíbrio fotoquímico (Teoria de Chapman 1930)[20].

Hoje em dia existe uma preocupação grande acerca da destruição da camada de ozônio pela ação de algumas substâncias lançadas na atmosfera, em virtude da industrialização da sociedade humana[20]. Exemplos de tais substâncias é o óxido de nitrogênio (NO) e a clorina (Cl)[20]. O NO é liberado em explosões nucleares e por aviões supersônicos, enquanto a clorina é derivada dos clorofluorcarbonos, especialmente o Freon-11 (CFCl3) e o freon-12 (CF2Cl2), usados comumente em "sprays" e em sistemas refrigeradores, respectivamente[20]. Os freons são inertes na ausência de radiação ultravioleta de comprimento de onda menor que 0,210 µm [20]. À medida que sobem na atmosfera, entretanto, os freons são fotoquimicamente destruídos pela radiação ultravioleta, liberando Cl, que, à semelhança do NO, destrói fatalisticamente o ozônio numa sequência de reações do tipo[20].

$$Cl + O_3 = ClO + O_2$$
$$ClO + O = Cl + O_2$$

CAPÍTULO 10

ORIGEM DA VIDA

O planeta Terra era um lugar inóspito, com erupções vulcânicas, tempestades e chuvas torrenciais[34]. Existia metano (CH_4), amoníaco (NH_3), vapor de água (H_2O)[34] e, absoluta ausência de camada de ozônio para absorção da radiação ultravioleta do Sol[35]. Tal radiação, pela sua ação fotoquímica, possivelmente ajudou a manter a atmosfera rica em moléculas reativas e longe do equilíbrio químico[35].

Lovelock (1991)[36] achava provável que tenha sido uma época de violência inimaginável, onde os pequenos planetas remanescentes da condensação do sistema solar ainda continuavam a cair fragorosamente sobre a Terra. Para ele o impacto de um planetesimal de apenas dez quilômetros de diâmetro poderia deixar uma cratera de mais de trezentos quilômetros e borrifar gás e rochas derretidas pelo espaço afora.

Segundo Oparin (1920), moléculas orgânicas simples (moléculas que contêm carbono) possivelmente se originaram em tais condições[37] e, para a teoria de Harold Urey quando submetidas à radiação ultravioleta do Sol e às descargas elétricas das trovoadas na atmosfera terrestre, as moléculas dos compostos existentes poderiam unir-se para formar moléculas mais complexas de aminoácidos[34] (pequenas moléculas que formam as proteínas[38]), purinas e pirimidinas (constituintes dos nucleotídeos que são precursores dos ácidos nucleicos[39]).

Os elementos químicos que entraram na formação destes compostos (hidrogênio, carbono, nitrogênio e oxigênio) são exatamente os que formam os aminoácidos[34]. Estes, provavelmente, foram constantemente produzidos nessa atmosfera e precipitaram-se aos poucos nas águas oceânicas, durante dezenas ou centenas de milhões de anos[34].

Estas moléculas, então, começaram a associar-se originando polímeros lineares conhecidos como polipeptídios e polinucleotídeos[35]. Nas células, como a conhecemos hoje, grandes cadeias polipeptídicas (denominadas proteínas) e cadeias polinucleotídicas (na forma de ácido ribonucleico - RNA e ácido desoxirribonucleico - DNA) são os constituintes celulares mais importantes[35].

A partir daí se desenvolveram as primeiras formas de vida, que, segundo a hipótese, seriam moléculas ancestrais

57

de RNA dotadas de uma capacidade primitiva de reprodução[39], a aproximadamente 3,6 bilhões de anos[36], em algum lugar da Terra. Sistemas autoreplicativos de moléculas de RNA misturadas a outras moléculas orgânicas, que possivelmente incluíam pequenos polipeptídios, começaram o processo de evolução[35].

Com o tempo, uma família de RNA catalisador desenvolveu a habilidade de dirigir a síntese de polipeptídios (proteínas primordiais)[35]. A síntese de uma proteína específica, sob a orientação do RNA, provavelmente requereu a evolução de um código pelo qual a sequência polinucleotídica especifica a sequência de aminoácidos que determina a proteína[35].

Tal código (o código genético) é soletrado num "dicionário" de palavras contendo apenas três letras: diferentes ternos de nucleotídeos codificam aminoácidos específicos, este código é o mesmo para todos os organismos existentes na natureza, o que sugere fortemente que todas as células existentes têm a sua origem numa célula primordial que desenvolveu os mecanismos de síntese proteica[35].

A necessidade de conter a proteína sintetizada pelo RNA e, assim, torná-la acessível somente ao RNA que a originou, para uma maior eficiência do processo, num ambiente apropriado, foi alcançada com o aparecimento de uma estrutura tipo membran[35]. A primeira célula envolta numa membrana foi formada pela montagem espontânea de moléculas de fosfolipídios, existentes na sopa pre-biótica, que englobou uma mistura de moléculas autoreplicativas de RNA e outras moléculas[35]. E assim apareceram os primeiros seres vivos na face da Terra, que eram bactérias, nossos mais antigos ancestrais[36].

A informação hereditária de todas as células vivas, atualmente, é codificada no DNA e não no RNA. O RNA precedeu o DNA na evolução porque possuía as propriedades catalíticas e genéticas; eventualmente o DNA tornou-se preponderante como codificador da mensagem genética, assim como as proteínas tornaram-se os principais catalisadores, enquanto o RNA permaneceu primariamente como um intermediário entre os dois[35].

Com o advento do DNA, as células começaram a se tornar mais complexas porque passaram a transportar e transmitir um número maior de informações que seriam carregadas e mantidas estáveis numa molécula de DNA[35].

CAPÍTULO 11

A EVOLUÇÃO DA VIDA

Na fase antiga da evolução do planeta o solo continuava bastante quente, com grande parte da água que hoje enche os oceanos ainda na Atmosfera, sob forma de grossas nuvens[40]. Os raios solares não conseguiam penetrar até a superfície da Crosta e, a vida que vicejava aí tinha necessariamente de limitar-se a certos microrganismos que dispensavam a luz solar[40]. Alguns desses primitivos organismos alimentavam-se dos restos de substâncias orgânicas dissolvidas nos oceanos, ao passo que outros se acostumaram a alimentos puramente inorgânicos[40].

Com o decorrer do tempo a superfície da Terra foi aos poucos se resfriando, as águas acumularam-se nos oceanos e as espessas nuvens que escondiam o Sol gradualmente se dissiparam[40]. Sob a ação dos raios solares, já então banhando abundantemente a superfície do nosso planeta, os primitivos microrganismos aos poucos criaram uma substância chamada clorofila, que decompõe o dióxido de carbono do ar e aproveita o carbono assim obtido para formar as substâncias orgânicas necessárias ao crescimento dos vegetais[40] e eliminação do oxigênio[41]. E assim, a energia da luz foi usada para romper os fortes laços que uniam o oxigênio ao hidrogênio e ao carbono[36]. Bactérias, agora chamadas cianobactérias devido à sua cor verde azulada fizeram exatamente isto e são as predecessoras de todas as plantas verdes que hoje existem[36].

A possibilidade de "alimentar-se do ar", abriu novos horizontes ao desenvolvimento da vida orgânica e, em combinação com o princípio da vida coletiva, culminou nas atuais formas do Reino vegetal, altamente desenvolvidas e complexas[40].

O oxigênio molecular liberado pelas células vegetais marinhas acumulou-se durante centenas de milhões de anos, construindo gradualmente uma atmosfera que protegia contra os mais destrutivos dos raios solares e abria a Terra à exploração pelos sistemas vivos[42] formando a camada de ozônio.

Mas, alguns desses organismos primitivos escolheram outros caminhos, e em vez de tomar o alimento diretamente do ar, onde o encontravam na maior abundância, optaram pelos compostos carbônicos prontos, graças ao trabalho das plantas[40]. O excedente de energia de tais organismos foi aproveitado no desenvolvimento da locomoção (necessária à procura do novo alimento)[40]. Não satisfeitos com a dieta estritamente vegetariana, estes seres vivos puseram-se a devorar uns aos outros e, a necessidade de caçar ou fugir à perseguição, desenvolveu lhes as funções locomotoras ao alto grau de perfeição que caracteriza hoje o Reino animal[40].

A colonização da Terra começou, talvez, a cerca de 400 milhões de anos atrás[42]. Desenvolveram-se novas espécies que obtiveram mais energia de uma respiração no ar mais eficiente, acelerando a tendência[42].

No começo do Paleozoico, há cerca de 500 milhões de anos, a vida já alcançara um nível relativamente alto nos oceanos[40] (tabela 2).

Tabela 2 - Escala do tempo geológico e a evolução da vida (kimball, John W. Biology. 2ª ed., Addison, W. 1968; obtido de Baker, 1975[43]).

ERAS	PERÍODOS	DURAÇÃO MILHÕES DE ANOS	ÉPOCAS	VIDA AQUÁTICA	VIDA TERRESTRE
CENOZÓICO	QUATERNÁRIO	0,5 – 3	*Holoceno	Glaciação periódica	Homem no mundo novo.
			Pleistoceno		Primeiros homens.

	TERCIÁRIO	63 ± 2	Plioceno	Presentes todos os grupos modernos	Hominídeos e pongídios.
			Mioceno		Macacos e símios.
			Oligoceno		Radiação adaptativa das aves.
			Eoceno		Mamíferos e angiospermas herbáceas modernos.
			Paleoceno		
MESOZÓICO	CRETÁCEO	135 ± 5		FORMAÇÃO DE CADEIAS DE MONTANHAS (ROCHOSAS, ANDES) AO FIM DO PERÍODO.	
				Peixes atuais, de esqueleto ósseo. Extinção dos amonitas, plesiossauros, ictiossauros.	Extinção dos dinossauros, pterossauros. Aparecimento de angiospermas lenhosas, cobras.
	JURÁSSICO	180 ± 5		MARES INTERNOS Abundantes plesiossauros, ictiossauros. Novamente abundantes os amonitas. Peixes cartilaginosos e de esqueleto ósseo, abundantes.	Dinossauros dominantes. Primeiros lagartos: *Archaeopteryx*. Insetos abundantes. Primeiros mamíferos, primeiras angiospermas.
	TRIÁSSICO	230 ± 10		CLIMA QUENTE, MUITOS DESERTOS Primeiros plesiossauros, ictiossauros. Amonitas abundantes ao surgirem os primeiros peixes de esqueleto ósseo.	Radiação adaptativa dos répteis (codontos, terapsídeos, tartarugas, crocodilos, primeiros dinossauros, rincocéfalos).
PALEOZÓICO	PERMIANO	280 ± 10		FORMAM-SE AS MONTANHAS APALACHES, GLACIAÇÃO PERIÓDICA E CLIMA ÁRIDO.	
				Extinção das trilobitas, placodermos.	Répteis abundantes (cotilossauros, pelicossauros); cicadíneas e coníferas; gingkoíneas.

PENSILVANIA-NO	310 ± 10	Carbonífero	CLIMA QUENTE E ÚMIDO Amonitas, peixes de esqueleto ósseo.	Primeiros insetos, centopéias. Primeiros répteis, pântanos carboníferos.
MISSISSIPIA-NO	345 ± 10	Carbonífero	CLIMA QUENTE E ÚMIDO Radiação adaptativa dos tubarões	Florestas de licopodíneas, musgos e samambaias com sementes. Anfíbios abundantes, moluscos terrestres.
DEVONIANO	405 ± 10		ARIDEZ PERIÓDICA Placodermas, peixes cartilaginosos e ósseos. Amonitas, nautilóides.	Florestas de licopodíneas musgos, pteridófitas, primeiras gimnospermas. Milípedes, aranhas, primeiros anfíbios.
SILURIANO	425 ± 10		EXTENSOS MARES INTRACONTINEN-TAIS Radiação adaptativa dos ostracodermas. Euripterídeos	Primeiros vegetais terrestres. Aracnídeos (escorpiões).
ORDOVICIA-NO	500 ± 10		CLIMA AMENO, MARES INTRACONTINEN-TAIS. Primeiros vertebrados (ostracodermas). Nautilóides, Pilina, outros moluscos. Trilobitas abundantes.	Nenhuma
CAMBRIANO	600 ± 50		CLIMA AMENO MARES INTRACONTINEN-TAIS. Trilobitas dominantes. Primeiros euripterídeos, crustáceos. Moluscos, equinodermas. Esponjas, cnidários, anelídeos. Tunicados.	Nenhuma

PRÉ— CAMBRIANO	*PTEROZÓI-CO	4.600		GLACIAÇÃO PERIÓDICA	
				Raros fósseis, mas, provavelmente, muitos ramos de protistas e invertebrados já presentes. Primeiras bactérias e algas cianofíceas.	Nenhuma
					Nenhuma
	*ARQUEO-ZÓICO				

*ESCALA DE TEMPO GEOLÓGICO, 1986 [44]

CAPÍTULO 12

O SURGIMENTO DA BIOSFERA

Em um importante ensaio escrito em 1979, três químicos da Atmosfera e climatologistas, Owen, T; Cess, R. D; e Ramanathan, V. apresentaram seus cálculos para determinar a temperatura média da Terra na época em que a vida começou[36]. Usaram o consenso dos astrofísicos, de que as estrelas esquentam com o passar do tempo e, supuseram que a produção de calor do Sol fosse 25% menor do que é hoje[36]. A partir disso, puderam calcular que a temperatura média da superfície da Terra fosse de 23 °C [36]. A ideia era de que a ausência de calor de um Sol mais frio poderia ter sido compensada por um cobertor de gás de "estufa" [36].

Gases com mais de dois átomos em suas moléculas têm a interessante propriedade de absorver o calor radiante, a radiação infravermelha, que escapa da superfície da Terra[36]. Esses gases, que incluem o dióxido de carbono, o vapor de água e a amônia, são transparentes à radiação infravermelha visível e à quase visível[36]. Estas são as partes do espectro solar que carregam mais energia do Sol; o calor radiante nesta forma penetra o ar e aquece a superfície[36]. Os mesmos gases são opacos para o infravermelho de maior comprimento de onda, que irradia da superfície da Terra e da Atmosfera inferior[36].

O aprisionamento do calor, que de outra maneira escaparia para o espaço é o chamado "efeito estufa", assim chamado porque é parecido, embora não idêntico, com o efeito aquecedor dos painéis de vidro de uma estufa[36].

O principal efeito da maior produção de calor interno seria um vulcanismo mais vigoroso, uma liberação maior de gás para a Atmosfera e uma reação mais rápida das rochas vulcânicas com as águas dos oceanos[36]. Uma destas reações, a que existe entre o ferro divalente da rocha basáltica e a água, pode produzir o gás de hidrogênio[36].

A contínua produção de hidrogênio teria tido duas consequências importantes[36]. Em primeiro lugar, a manutenção de uma Atmosfera e uma superfície sem oxigênio e favoráveis a que se acumulassem os componentes químicos da vida[36]. Em segundo lugar, a perda de hidrogênio para o espaço[36]. O campo gravitacional da Terra não era forte o suficiente para reter os átomos leves do hidrogênio[36]. Se a perda de hidrogênio houvesse continuado, poderíamos ter perdido grande parte dos oceanos ou, mesmo, ter chegado ao estado árido de Marte e Vênus[36]. Esta perda não poderia ocorrer agora, porque o hidrogênio reagiria bioquimicamente nos oceanos e com o oxigênio que existe em abundância na Atmosfera para formar água[36].

Embora tenha dois átomos de hidrogênio, a água é uma molécula pesada demais para fugir diretamente para o espaço[36]. Outra restrição para a perda direta da água da Terra é sua tendência a congelar e cair novamente como cristais de gelo a partir de regiões frias do ar[36].

A origem e a evolução da vida fizeram surgir à Biosfera[42]. A evolução adaptou em conjunto as novas espécies em formas que conservavam não só a energia e os nutrientes minerais utilizados nos processos vitais, mas também reciclando os nutrientes, liberando mais oxigênio e tornando possível a fixação de mais energia e a sustentação de mais vida[42]. A energia da luz foi usada para romper os fortes laços que uniam o oxigênio ao hidrogênio e ao carbono[36] (tabela 3).

Tabela 3 - Atmosferas planetárias: sua composição (Lovelock, 1991[36])

GÁS	PLANETA			
	VÊNUS	TERRA SEM VIDA	MARTE	TERRA COMO ELA É
Dióxido de carbono	96,5 %	98 %	95 %	0,03 %
Nitrogênio	3,5 %	1,9 %	2,7 %	79 %
Oxigênio	vestígios	0,0	0,13 %	21 %
Argônio	70 ppm*	0,1 %	1,6 %	1 %
Metano	0,0	0,0	0,0	1,7 ppm*
Temperatura da superfície em °C	459	240 a 340	-53	13
Bares de pressão total	90	60	0,0064	1,0

*ppm – partes por milhão

Segundo Lovelock (1991)[36] a evolução bem-sucedida dos fotossintetizadores levou à primeira crise ambiental na Terra. Ao obter sua energia, os fotossintetizadores usaram o dióxido de carbono do ar e dos oceanos como fonte de carbono[36]. Assim como temos hoje o problema do dióxido de carbono, eles talvez o tivessem tido naquela época[36]. Estamos começando a perceber que os benefícios da queima de combustível fóssil como fonte de energia são superados pelos riscos inerentes à acumulação do dióxido de carbono, isso levaria ao excesso de aquecimento[36]. O risco que os fotossintetizadores enfrentavam era o inverso[36]. As cianobactérias usavam o dióxido de carbono como alimento[36]. Elas "comiam" o cobertor que aquecia a Terra[36].

Naquela época os vulcões produziam muito dióxido de carbono, mas a capacidade potencial de consumo bacteriano teria superado em muito a produção vulcânica[36]. Se houvesse apenas os fotossintetizadores, sua multiplicação exagerada pelos oceanos e pela superfície reduziria em poucos milhões de anos o dióxido de carbono a níveis perigosamente baixos[36]. Muito antes que as cianobactérias ficassem sem dióxido de carbono para produzir alimento, a Terra teria esfriado, chegando ao congelamento, e a vida só teria conseguido sobreviver onde o calor proveniente de baixo pudesse derreter o gelo, ou se ela se mudasse para um ciclo de congelamento e descongelamento enquanto o dióxido de carbono dos vulcões se acumulasse e fosse consumido novamente[36].

Entretanto, segundo Lovelock[36], nenhuma dessas calamidades aconteceu. A presença de rochas sedimentares de 3,8 bilhões de anos atrás até hoje indica que a água líquida sempre esteve presente e que a Terra jamais se congelou inteiramente[36]. Para ele ficou a ideia de que houve uma interação dinâmica entre os primeiros fotossintetizadores, os organismos que processavam seus produtos, e o ambiente planetário[36]. Daí teria se desenvolvido um sistema autorregulador estável, sistema esse que manteve a temperatura da Terra constante e favorável à vida[36].

Ainda segundo Lovelock (1991)[36] os fotossintetizadores usavam o dióxido de carbono e o transformavam em matéria orgânica e oxigênio, exatamente como fazem as plantas hoje. O oxigênio teria sido imediatamente "limpo" pela matéria oxidável onipresente no ambiente; o ferro e o enxofre, nos oceanos[36]. Não havia uma população significativa de consumidores oxidantes comendo os fotossintetizadores e devolvendo o carbono ao ambiente na forma de dióxido de carbono, a não ser em justaposição com os produtores[36]. Também não havia nenhum oxigênio para os consumidores respirarem[36]. Para ele havia organismos que originalmente decompunham os produtos químicos do oxigênio, viviam decompondo a matéria orgânica e transformando o carbono em dióxido de carbono e metano, que devolviam ao ar[36]. Ele chama esses organismos de metanógenos[36]. Naquela época eles serviam como os consumidores de hoje, para devolver ao ar quase tanto carbono quanto era retirado pelos fotossintetizadores[36] (tabela 4).

Tabela 4 – Estimativa da composição atmosférica do *arqueozóico antes e depois do surgimento da vida (Lovelock, 1991[36]).

GÁS	ANTES DA VIDA	DEPOIS DA VIDA
Dióxido de carbono	Dominante	0,3 %
Nitrogênio	Desconhecido	99 %
Oxigênio	0	1 ppm
Metano	0	100 ppm
Hidrogênio	Pouco	1 ppm

ppm = partes por milhão
*Chamado por Lovelock de arqueano

Ele acreditava que o crescimento dos fotossintetizadores esfriava a Terra, pois, removiam gás carbônico, enquanto o crescimento dos decompositores favorecia o aquecimento da Terra, já que acrescentavam gases de estufa no ar[36]. Também supôs que o planeta Terra sem vida apresentaria um aumento de temperatura esperado pelo gás carbônico, que era suficiente para chegar a uma pressão atmosférica de 100 milibares, cerca de um décimo da pressão atmosférica total de hoje e, que o Sol fosse 25 a 30 por cento menos luminoso que hoje, mas, que se aqueceria com o passar do tempo[36]. Para ele, também, esse modelo apresentava uma queda abrupta e repentina na temperatura, que foi de 28 °C para 15 °C depois que a vida começou[36]. Isto se deu devido à queda brusca na abundância do gás estufa, o gás carbônico, pois, os fotossintetizadores o utilizam para construir seus corpos[36]. A queda não continuou até o planeta congelar porque o novo gás estufa, o metano, e um pouco do gás carbônico, foram devolvidos ao ar pelos decompositores[36]. Uma vez estabelecido um nível estável, este sistema simples regulou a temperatura planetária[36].

A repentina queda na temperatura há cerca de 2,3 bilhões de anos marcou o aparecimento de um excesso de oxigênio no ar[36]. Este acontecimento teria levado a uma diminuição do metano, que teria chegado perto do nível atual, com isso eliminando o seu efeito estufa[36]. Na história antiga da Terra houve um período glacial há 2,3 bilhões de anos que talvez tenha coincidido com o aparecimento do oxigênio atmosférico[36].

Os organismos vivos cresceram rapidamente até chegar a um nível estável, onde aumento e redução se equilibraram[36]. Esta tendência à expansão rápida e quase explosiva para preencher um nicho ambiental agiu como um amplificador[36]. O sistema se movimentou depressa numa realimentação positiva para chegar a um equilíbrio[36]. Logo a estabilidade foi atingida e o planeta permaneceu numa tranquila homeostase[36].

Lovelock[36] ainda disse que em uma praia às margens de um continente na época do surgimento da vida, no arqueozoico, veríamos ondas quebrando em areia macia e dunas em declive logo atrás. O Sol teria um brilho alaranjado, como o do crepúsculo, o céu teria um matiz rosado e o mar teria nuances de marrom[36]. Segundo ele o céu que hoje vemos azul e claro é consequência da fartura de oxigênio, pois, o oxigênio seria o alvejante permanente que clareia e refresca o ar[36].

Os cientistas atmosféricos Berkner, L. V. e Marshall, L. C., em sua famosa teoria sobre a evolução do oxigênio atmosférico, consideravam fundamental a hipótese de que houve um fluxo de radiação ultravioleta letal antes que o oxigênio estivesse presente no ar e que isto evitou que a vida colonizasse as superfícies da Terra[36]. Isso fez com que a vida antes do oxigênio tivesse sido forçada a existir no fundo do mar, em profundidades onde o ultravioleta não poderia penetrar e somente depois que o oxigênio apareceu no ar que o ozônio pôde formar-se, atuando como um escudo para evitar que o ultravioleta atingisse a superfície[36]. Uma vez acontecido, estava aberto o caminho para que uma fartura de vida colonizasse a Terra e para que aumentasse a concentração de oxigênio pelo acréscimo da fotossíntese, chegando a seu nível atual de 21 por cento[36]. A intensidade do ultravioleta na ausência do ozônio teria sido trinta vezes mais elevada da que hoje incide sobre a superfície da Terra[36].

Como o arqueozoico o pterozoico foi um tempo em que os ecossistemas da Terra eram povoados por bactéria (os procariontes)[36]. As bactérias do arqueozoico teriam vivido nas regiões sem oxigênio dos sedimentos[36]. Nos ambientes do oceano e da superfície, agora moderadamente oxidantes, mais tarde se desenvolveram células vivas mais complicadas, os eucariontes[36]. Estes são os ancestrais das grandes comunidades de células nucleadas, como as árvores e nós mesmos[36].

Entre o arqueozoico e o pterozoico o aparecimento do oxigênio como gás atmosférico dominante foi o acontecimento mais importante, marcando uma profunda mudança no estado da Terra[36]. As manifestações externas e secundárias desta mudança, o surgimento de uma nova química na atmosfera e na superfície e o aparecimento de ecossistemas quando o oxigênio começou a dominar a atmosfera, provavelmente levaram muito tempo para se manifestar, acontecendo em diferentes momentos e em lugares diferentes[36].

A mudança de um ambiente sem oxigênio para um ambiente com ele foi um passo fundamental na história da Terra[36]. Uma vez que o oxigênio fotossintético se tornou dominante na atmosfera e nos oceanos, a ação da luz solar no oxigênio iria produzir radicais hidroxílicos que oxidam o metano no ar[36]. Haveria também consumidores alimentando-se de matéria orgânica antes que ela pudesse alcançar os sedimentos anóxicos (sem oxigênio) e isto roubaria dos decompositores "metanógenos" o material para a produção de sua excreção gasosa[36]. Esta foi a receita para uma vigorosa realimentação contra o metano e a favor do oxigênio[36].

Lovelock[36] também acreditava que as bactérias apareceram nos oceanos primitivos, capazes de transformar os abundantes íons de cálcio, solúveis em água, de seu ambiente interno em carbonato de cálcio insolúvel e, que esta reação simples teria reduzido com eficiência a concentração dos íons de cálcio potencialmente tóxicos dentro da célula, retendo o cálcio em uma forma insolúvel segura[36].

Na zona iluminada pelo Sol do oceano aberto, o crescimento desses organismos teria levado a que massas imensas de carbonato de cálcio fossem depositadas no fundo do oceano[36]. A chuva de "conchas" microscópicas caindo da superfície iluminada pelo Sol em direção às profundezas agiu como uma correia de transmissão[36]. O alimento chegou aos consumidores que estavam em um plano mais abaixo[36]. O oceano se tornou claro e transparente e os elementos potencialmente tóxicos, como o cádmio, foram levados das regiões da superfície[36]. O dióxido de carbono e o cálcio foram transportados e reunidos por comunidades bacterianas para formas as cidades de pedras achatadas ou em forma de cogumelo chamadas estromatólitos[36]. A concentração de íons de cálcio nos oceanos teria sido reduzida e, em consequência, toda a vida teria desabrochado[36]. A onipresença de depósitos de pedra calcária de origem oceânica deixou implícito o sucesso e a continuidade deste processo[36].

A etapa de precipitação do carbonato de cálcio não apenas levou à regulação do cálcio, do dióxido de carbono e do clima, como também à vasta engenharia das estruturas de carbonato de cálcio (os estromatólitos)[36]. Mais tarde esses mesmos processos evoluíram de maneia que as nossas células adquiriram complicados mecanismos através dos quais o cálcio é depositado na forma de ossos e dentes[36].

Durante o pterozoico evoluiu um novo tipo de célula provida de núcleos, chamada eucarionte, células que contêm dentro de si estruturas e outras organelas (como os cloroplastos, corpos de pigmentação verde responsáveis pelo trabalho de fotossíntese)[36]. Lynn Margulis (1982) explicou que estas células mais complexas eram, na verdade, comunidades de bactérias que viviam livres e foram contidas dentro da membrana externa de uma delas[36].

Segundo pesquisas o oxigênio livre vem de duas fontes: a fuga do hidrogênio para o espaço e o enterramento do carbono ou do enxofre[36]. A remoção de hidrogênio, carbono ou enxofre puro sempre deixa atrás o oxigênio livre[36]. O índice atual de fuga de hidrogênio para o espaço está limitado pela secura do ar superior e é de apenas trezentos mil toneladas por ano[36]. O equivalente a pouco menos de três milhões de toneladas de água deixaria atrás um excedente de 2,5 milhões de toneladas de oxigênio[36]. Parece muito, mas a perda de tanta água teria eliminado menos de um por cento dos oceanos na idade atual da Terra[36].

Uma vez que a perda de hidrogênio foi insignificante, a única maneira de acrescentar mais oxigênio era isolar o carbono e o enxofre da combinação com o oxigênio em dióxido de carbono e sulfatos[36]. Se o carbono e o enxofre isolados pudessem ser enterrados nos sedimentos antes de reagir com o oxigênio, um incremento líquido deste gás seria adicionado ao ar[36]. Este processo de separação começou com a fotossíntese, que dividiu o dióxido de carbono em oxigênio, o qual entrou no ar e nas partes vivas e mortas das plantas e das bactérias[36]. A maior parte desse material carbonáceo foi recombinada com o oxigênio pelos consumidores, mas um pouco, cerca de 0,1 %, foi enterrada, de maneira mais ou menos permanente[36]. Parte do carbono localizado nos sedimentos foi usada para reduzir os sulfatos a sulfuretos[36]. O enterramento dos sulfuretos também deixou um incremento líquido de oxigênio no ar[36]. Os carbonos e os sulfuretos foram enterrados nos sedimentos misturados com o xisto e os calcários[36]. O enterro ocorreu de tal maneira que se formaram os combustíveis fósseis, carvão e petróleo, representando apenas uma pequena proporção de carbono e do enxofre total nos sedimentos[36].

O enterramento de todo o material oxidável funciona como um empréstimo tirado por conta do oxigênio; enquanto estiver enterrado ou perdido no interior da Terra, a dívida não é cobrada e o oxigênio livre pode continuar em circulação no ar[36].

Atualmente cerca de cem milhões de toneladas de carbono são enterradas a cada ano, o equivalente à liberação de 266 milhões de toneladas de gás de oxigênio livre no ar[36]. O que não significa que o oxigênio da atmosfera esteja aumentando, pois o incremento é todo consumido pelos materiais oxidáveis liberados pelos vulcões, pela erosão e pelos processos que ocorrem no fundo do mar[36]. Em longo prazo, uma quantidade constante do carbono produzido pela fotossíntese foi enterrada[36].

O índice de enterramento do carbono tem sido constante por toda a história da vida sobre a Terra; há muito pouca diferença entre o arqueozoico e o período contemporâneo[36].

No final do arqueozoico o oxigênio teria aumentado o ritmo da erosão e assim aumentou a quantidade de nutrientes, que, por sua vez vieram a favorecer um ecossistema maior[36]. Mais carbono teria sido enterrado e o aumento de oxigênio teria se acelerado até que a toxicidade começasse a impor um limite[36]. Por essa época, o setor anaeróbio a partir do qual ocorre o enterramento do carbono se teria reduzido até chegar ao mesmo volume que havia no arqueozoico e a produção de oxigênio estaria novamente equiparada à perda de oxigênio pela exposição das substâncias oxidantes durante a degradação[36].

Em certo sentido os ecossistemas óxicos existiram desde o começo de tudo, a partir do momento em que a primeira cianobactéria transformou a luz do Sol em energia química de alta potência e foi capaz de fazer compostos orgânicos e oxigênio a partir da água e do dióxido de carbono[36]. Da maneira como se disseminaram as cianobactérias, elas teriam ocupado sempre uma posição na superfície para gozar e se alimentar da luz do Sol[36]. Os sistemas anóxicos, cujos alimentos eram os cadáveres e os dejetos das cianobactérias, teriam naturalmente existido abaixo dos fotossintetizadores, para tirar vantagem da queda do alimento, que vinha de cima[36]. Desde o início teria havido uma separação destes dois ecossistemas e uma curva declinante da concentração de oxigênio, nas regiões distantes de suas fontes[36].

Atualmente o ciclo do oxigênio não pode ser desligado do ciclo do dióxido de carbono; com o aumento do oxigênio seria previsível a redução do dióxido de carbono[36]. O ciclo do dióxido de carbono está ligado ao clima e isto, por sua vez, afeta o crescimento de consumidores e produtores[36]. A realimentação ambiental a partir do dióxido de carbono e do clima iria estabilizar ainda mais o sistema[36].

Uma vez ultrapassada a crise inicial de oxigênio, o pterozoico poderia ter sido um período bastante satisfatório para a Terra, não fossem os persistentes transtornos dos planetesimais, que caíam constantemente em nossa superfície[36]. O nível natural do dióxido de carbono teria proporcionado um clima agradável e não seria necessário um grande esforço para a sua regulação[36].

Lovelock (1991)[36] acreditava que no pterozoico encontraríamos uma Terra não muito diferente de hoje. O céu teria um matiz azul um tanto mais pálido, talvez com uma cobertura de nuvens menor. Na praia, o mar seria de um cinza azulado em vez do marrom do arqueozoico e, as chuvas de planetesimais continuaram constantes, com muitos pequenos, mas, pelo menos dez grandes.

No início do pterozoico o Sol era mais frio[36]. O problema era evitar que a estufa de dióxido de carbono acabasse e a Terra congelasse[36]. Sem a tendência ao resfriamento da vida, hoje, a Terra seria desagradavelmente quente[36]. Pode-se dizer que a vida atualmente está mantendo a Terra fria ao bombear dióxido de carbono para o solo[36].

Após o pterozoico os organismos vivos, grandes o suficiente para serem vistos a olho nu, se desenvolviam ou se movimentavam pela Terra e pelo mar[36]. Os micro-organismos ainda se desenvolviam e eram responsáveis por grande parte da regulação da Terra[36]. No entanto, o aparecimento das grandes comunidades de células formando corpos moles mudou a superfície da Terra e o ritmo da vida em cima dela: eram plantas capazes de permanecer eretas, sustentadas por estruturas com profundas raízes subterrâneas[36]. Consumidores que podiam movimentar-se pelo chão, pelo ar ou pelo mar, todos esses seres deixaram restos fósseis[36].

Os organismos maiores como os dinossauros, compostos de volumes maciços de células em justaposição, só poderiam ter existido num ambiente mais rico em oxigênio, especialmente onde havia uma necessidade de maior consumo de força para poderem nadar[36]. Mesmo hoje, com o oxigênio a 21%, nossos músculos não recebem oxigênio suficiente durante a produção máxima de força[36].

Nos tempos modernos o dióxido de carbono é um gás residual na atmosfera, se o compararmos com a dominância que exerce nos outros planetas do nosso sistema solar ou com os gases abundantes da Terra, que são o oxigênio e o nitrogênio[36]. O dióxido de carbono hoje mal chega a 340 partes por milhão por volume[36]. A Terra primitiva, de quando a vida começou, provavelmente tinha mil vezes este dióxido de carbono[36]. Vênus hoje tem 300.000 vezes mais e, até Marte, com grande parte de seu dióxido de carbono congelado na superfície, tem vinte vezes esta quantidade[36].

Os organismos vivos agiram e agem como uma bomba gigante, retirando continuamente o dióxido de carbono do ar e levando-o para dentro do solo, onde ele pode reagir com as partículas de rocha e ser eliminado[36]. Uma árvore deposita em suas raízes toneladas de carbono retirado do ar, parte do dióxido de carbono é liberada pela respiração das raízes durante toda sua vida e, quando a árvore morre, o carbono das raízes é oxidado pelos consumidores, liberando dióxido de carbono nas profundezas do solo[36]. De outra maneira, os organismos terrestres vivos ocupam-se de bombear dióxido de carbono do ar para o chão, onde ele entra em contato e reage com o calcário solicitado das rochas para formar o carbonato de cálcio e o ácido silícico[36]. Estes são transformados pela água do solo, até ela entrar nas correntes e rios, em seu caminho para o mar[36].

No mar, os organismos marinhos continuam o processo de enterramento, capturando o ácido silícico e o bicarbonato de cálcio para formar suas conchas[36]. Na chuva constante de conchas do mar, microscópicas, os produtos das erosões das rochas, calcário e sílica, sedimentados, são enterrados no fundo do mar e mais tarde levados ainda mais baixos, pelos movimentos das placas tectônicas[36].

Este incrível mecanismo funcionou desde que a vida começou como parte da regulação climática[36]. Entretanto, conforme o Sol se aquece, ele não tem muita probabilidade de continuar a manter o nosso planeta resfriado[36]. Há um relacionamento inverso entre a abundância de dióxido de carbono e a abundância de vegetação[36]. Pressupondo que a saúde da Terra é medida pela fartura de vida, então às vezes os períodos de saúde serão os períodos de baixo teor de dióxido de carbono[36]. Durante o estado normal de saúde na

Terra, com o frio agradável de uma glaciação, o dióxido de carbono mal chega a 180 partes por milhão por volume, perigosamente próximo ao limite mínimo para o desenvolvimento das plantas[36].

Há uns 10 milhões de anos, apareceu um novo tipo de planta verde capaz de se desenvolver em baixas concentrações de dióxido de carbono[36]. Essas plantas desenvolveram uma bioquímica diferente e hoje são chamadas plantas C4, para distingui-las das plantas convencionais, as C3. Os nomes C4 e C3 vieram de uma diferença encontrada no metabolismo dos componentes do carbono nos dois tipos de plantas: as C4 são capazes de fazer a fotossíntese a níveis de dióxido de carbono muito mais baixos do que as C3, plantas mais antigas[36]. As novas plantas C4 incluem alguns capins, não todos, enquanto as árvores e as plantas de folhas grandes em geral usam o ciclo C3[36]. É provável que de repente, essas novas plantas assumirão o controle e talvez façam funcionar uma Atmosfera com ainda menos dióxido de carbono, para compensar o aumento do calor do Sol[36].

Isto funcionaria apenas temporariamente, porque num breve período de 100 milhões de anos, pressupondo-se que nada mais tenha mudado, o Sol se terá aquecido o suficiente par exigir uma Atmosfera sem dióxido de carbono para manter a temperatura atual[36].

Essas plantas C4 tanto poderiam ser o resultado das glaciações, quanto um estímulo a novos períodos glaciais[36]. Agora há bastante dióxido de carbono para todas as plantas, de maneira que não há muita competição por habitat entre as C3 e as C4, a não ser pela ação dos seres humanos, que na agricultura eliminam as antigas C3, substituindo-as por cana-de-açúcar, milho, grama e muitas outras plantas C4 [46].

Aos poucos cada paisagem desenvolveu uma fauna e flora particularmente adaptadas a cada lugar[42]. Esses novos grupos de plantas e animais utilizaram energia solar, nutrientes minerais, água e os recursos de outros seres vivos para estabilizar o ambiente, construindo a Biosfera que conhecemos hoje[42].

Certas plantas terrestres devem ter-se originado de algas que, crescendo nas zonas das praias cobertas periodicamente pela maré, aos poucos se acostumaram com o recuo da água[40]. Outras podem ter vindo da vegetação de água doce, forçadas a mudar de vida em consequência do secamento das bacias internas[40].

CAPÍTULO 13

BIOSFERA

A Biosfera é a porção da Terra onde a vida se faz presente, é o conjunto de lugares onde é possível, pelo menos a algumas espécies, viver de modo permanente, alimentar-se e reproduzir-se, envolve a Crosta terrestre, as águas e a Atmosfera[47]. Nestes locais o domínio vital é avaliado em milhares de metros, mas, pela escala do globo, isso não representa mais do que uma diminuta película de ar, água e terra[45].

A espessura da Biosfera é definida com os limites de 8.800m (metros) acima e 9.000m abaixo do nível do mar (18 km de espessura)[45]. A profundidade média dos oceanos é de 4.000m, embora em alguns pontos a profundidade seja superior a 9.000m [45]. Mesmo a essa profundidade, ainda é encontrado: animais e microrganismo[45]. Por outro lado, a Atmosfera se estende a milhares de metros acima da superfície da Terra, mas a maior altitude em que se encontram materiais orgânicos é a 8.800m (esporos flutuantes de bactérias, fungos[42] e aves[45]) (tabela 5).

A Biosfera moderna provavelmente teve seu começo há cerca de dois bilhões de anos, com a evolução de organismos marinhos que não só puderam fixar energia em compostos orgânicos, como também o fizeram quebrando as moléculas de água e liberando oxigênio livre[42].

Cada região do globo possuindo características próprias desenvolveu uma flora e fauna típicas[45] (tabela 5), formando tipos diferentes de ecossistemas. Em nenhum planeta existente no Universo, além do Planeta Terra, foi encontrada uma Biosfera.

Tabela 5 - Distribuição vertical da vida na Terra (Molen, 1981[45])

METROS	ORGANISMOS E OUTROS	
9.000	Esporos flutuantes de bactérias e fungos	
8.000	Algumas aves migratórias	
7.000		
6.000	Aranhas e ácaros	
3.000	Detritos levados pelos ventos	A maioria
2.000	Árvores decíduas	dos
1.000	Arbustos e gramíneas	mamíferos,
	Plantas de estuários e mangues	aves, répteis
		e anfíbios.
0	**NÍVEL DO MAR**	
	Peixes superficiais, Plâncton	
1.000	Sargaços	
2.000	Detritos que afundam	
3.000		
4.000	Peixes abissais	
5.000		
6.000		
7.000		
8.000		
9.000	Bactérias abissais	

CAPÍTULO 14

ECOSSISTEMAS

Os Ecossistemas são unidades que possuem um conjunto de fatores bióticos (seres vivos) e abióticos (ambiente não vivo) interagindo-se de uma forma inseparável, numa dada área[48]. Neles todos os organismos funcionam em conjunto, interagindo com o ambiente físico de tal forma que um fluxo de energia produz estruturas bióticas claramente definidas e uma ciclagem de materiais entre as partes vivas e não vivas[48].

São as unidades funcionais básicas na natureza e cada um dos seus fatores (bióticos e abióticos) influencia as propriedades do outro, cada um é necessário para a manutenção da vida, como a conhecemos, na Terra[48].

Em um Ecossistema o fluxo de energia ocorre num só sentido, uma parte da energia solar é transformada em matéria orgânica (forma de energia mais concentrada que a luz solar) pela comunidade[48]. A energia pode ser armazenada e depois liberada sob controle, mas não pode ser reutilizada[48]. Os materiais, inclusive os nutrientes necessários para a vida, carbono, nitrogênio, fósforo, água etc. podem ser reutilizados inúmeras vezes[48].

Estruturalmente um Ecossistema apresenta dois estratos: um estrato autotrófico superior, ou "faixa verde", que é constituído por organismos (vegetais) que absorvem a energia luminosa e substâncias inorgânicas e transformam-nas em matéria orgânica[49]. E um estrato heterotrófico[49], faixa inferior, "faixa marrom" de solos e sedimentos, matéria em decomposição, onde predomina a utilização, rearranjo e decomposição de materiais complexos[48].

O Ecossistema é constituído ainda por: **substâncias inorgânicas** (C, N, CO_2, H_2O e outras, matéria prima para a produção da matéria orgânica) envolvidas nos ciclos de materiais[48]. **Compostos orgânicos** (proteínas, carboidratos, lipídios, substâncias húmicas etc.) que ligam o biótico e o abiótico, pois, foram produzidas através de substâncias inorgânicas e servirão de alimento aos organismos vivos[48]. O ambiente **atmosférico**, **hidrológico** e do **substrato**, de onde são retirados materiais inorgânicos para serem processados, incluindo o **regime climático** e outros fatores físicos[49]. **Produtores**, organismos autotróficos, aqueles que sintetizam seu alimento a partir de substrato inorgânico simples (principalmente vegetais) e acumulam matéria orgânica[48]. E os consumidores, que são subdivididos em duas classes: **macro consumidores** e **micro consumidores**[49].

Os **macro consumidores** são organismos heterotróficos, aqueles que não têm a capacidade de produzir seu alimento (principalmente animais), ingerem outros organismos ou matéria orgânica[48]. **Micro consumidores** são também organismos heterotróficos, principalmente bactérias e fungos, obtém a sua energia degradando tecidos mortos ou absorvendo matéria orgânica (plantas ou outros organismos)[48].

As atividades decompositoras dos micro consumidores saprófagos (organismo que se alimentam da matéria orgânica morta) liberam nutrientes inorgânicos em forma disponível aos produtores e fornecem alimentos para os macroconsumidores[48].

CAPÍTULO 15

OS CICLOS DE UM ECOSSISTEMA

1- O CICLO DA ENERGIA.

A energia corre, dentro de um Ecossistema, a partir do produtor em direção aos decompositores e vai sendo devolvida ao ambiente sob forma de calor[50]. O calor é uma forma de energia que não pode ser reaproveitada pelos seres vivos[50]. A fonte de energia para os seres vivos é na grande maioria dos casos, o Sol[50].

A energia do Sol sustenta todos os sistemas vivos, ela é fixada na fotossíntese e mantida por breve tempo na biosfera antes de ser reirradiada para o espaço na forma de calor[51]. Somente cerca de 0,1% da energia recebida do Sol pela Terra é fixada na fotossíntese[51]. Mais da metade da energia fixada na fotossíntese é utilizada imediatamente, na própria respiração da planta[51]. Parte dela é armazenada e pode entrar na cadeia alimentar dos consumidores[51].

Há dois tipos de cadeias: a cadeia alimentar de pastagem e, a cadeia alimentar de decomposição[51]. A energia pode ser armazenada por períodos consideráveis em ambos os tipos de cadeia, construindo populações animais num caso e acúmulo de matéria orgânica morta não decomposta e populações de organismos de decomposição no outro[51]. Nas cadeias de pastagem cerca de 10 a 20% da energia que entra na comunidade dos herbívoros pode ser transferida ao primeiro nível dos carnívoros e assim por diante[51].

As cadeias de decomposição começam com matéria orgânica morta[51]. Os detritos orgânicos podem ser totalmente consumidos pelas bactérias, fungos e pequenos animais dos detritos, liberando dióxido de carbono, água e calor, ou pode entrar em redes alimentares mais complexas, envolvendo animais maiores, onde as rotas da pastagem e da decomposição se superpõem[51].

Nos Ecossistemas as taxas de fixação de energia variam de dia para dia, mesmo de minuto para minuto e, de lugar para lugar[51]. Elas são afetadas por muitos fatores, inclusive luz, concentração de dióxido de carbono e água[51].

Toda a produção líquida da Terra é consumida anualmente na respiração de outros organismos, que não plantas verdes, liberando dióxido de carbono, água e calor, o qual é reirradiado para o espaço[51]. A energia não utilizada é armazenada nos tecidos dos organismos vivos ou no húmus e nos sedimentos orgânicos[51].

2- CICLO DE NUTRIENTES

Oxigênio, carbono, hidrogênio e nitrogênio são elementos que os seres vivos necessitam em grandes quantidades[50]. Outros elementos também são exigidos em abundância: cálcio, magnésio, fósforo, potássio e enxofre[50]. Esses elementos são chamados macronutrientes[50]. Os micronutrientes são os requeridos em pequenas quantidades, embora sejam também essenciais, são eles: cobre, zinco, boro, manganês, molibdênio, cobalto, vanádio, ferro, sódio e cloro[50].

Qualquer um desses nutrientes pode limitar o desenvolvimento de um organismo, caso a sua disponibilidade seja menor que a necessária[50]. Alguns dos elementos citados são essenciais a todos os organismos, outros parecem ser essenciais apenas para os animais, como é o caso do sódio e do cloro[50]. Todos os nutrientes essenciais e muitos outros circulam do meio abiótico para os seres vivos e deles de volta para as partes não vivas do Ecossistema, em um padrão mais ou menos circular conhecido como ciclo de nutrientes ou biogeoquímicos[50].

Os ciclos biogeoquímicos são os caminhos em círculo percorridos pelos elementos químicos, passando pelos seres vivos, retornando ao ambiente e voltando novamente aos seres vivos[50].

Alguns materiais retornam ao ambiente quase tão rapidamente quanto são removidos; alguns são armazenados durante algum tempo em reservatórios como o corpo dos vegetais e animais ou o solo e os sedimentos de lagos; e alguns podem ligar-se quimicamente ou ser enterrados a grandes profundidades, numa armazenagem de larga duração, antes de serem liberados e ficarem novamente disponíveis para os organismos vivos[50]. Os papéis importantes nos ciclos biogeoquímicos são desempenhados;

a) pelas plantas verdes, que organizam os nutrientes em compostos biologicamente úteis[50];

b) pelos decompositores, que retornam esses compostos ao seu estado de elemento[50];

c) pelo ar e pela água, que transportam os nutrientes entre os componentes vivos e não vivos do Ecossistema[50].

À medida que a energia e as substâncias passam ao longo da cadeia alimentar, os elementos vão passando para a forma de compostos orgânicos[50]. Pela ação dos decompositores, os átomos desses elementos encontram o caminho de volta ao ambiente abiótico, isto é, ao solo, ar ou água, onde estão prontos para serem novamente utilizados pelos seres vivos[50]. Os elementos nunca deixam de estar disponíveis a curto ou longo prazo: seus átomos são meramente rearranjados em compostos diferentes, à medida que vão passando pelas transformações químicas de uma parte do ciclo para a seguinte[50].

Quando não fazem parte dos sistemas vivos, o oxigênio e o nitrogênio existem principalmente como gases[50]. Quando o carbono, o fósforo e o enxofre não estão nos seres vivos, são encontrados principalmente como sólidos[50]. Por isso eles fazem parte de ciclos gasosos e ciclos sedimentares[50]. O ar é o grande reservatório dos elementos do ciclo gasosos[50]. No ciclo sedimentar, o grande reservatório é o solo[50].

O dióxido de carbono e a água fornecem carbono, oxigênio e hidrogênio para os vegetais[50]. As plantas, entretanto, precisam de muitos outros nutrientes[50]. A maioria deles é absorvida pelos vegetais através das raízes, juntamente com a água do solo[50].

3- O CICLO DA ÁGUA

Cerca de 97% da água da Terra está contida nos oceanos como água salgada[50]. A água doce, contida nos rios e lagos, correm em direção aos oceanos e representa apenas 3% do suprimento de água do globo[50].

De toda a água doce do planeta, 75% estão armazenadas como camadas de gelo ou como geleiras[50]. Logo, os oceanos contêm 97% da água do planeta, o gelo contém mais de 2% e menos de 1% é a quantidade de água doce disponível[50]. Uma boa parte desta água (25%) está no solo, preenchendo os poros entre os grãos de Terra[50]. A Atmosfera também contém certa quantidade de água doce no estado gasoso[50]. A Atmosfera com suas nuvens são importantíssimas, pois mantém a circulação de água sobre a Terra[50]. Nos organismos vivos vegetais e animais está armazenada ainda outra parte daquele 1% de água doce disponível[50].

As plantas necessitam de uma quantidade de água muito maior do que a produzida na fotossíntese por elas mesmas[50]. Em um processo chamado transpiração, a água constantemente é perdida através de poros finos existentes nas folhas, depois de ter subido até elas a partir das raízes[50].

O vapor de água representa apenas 0,03% da Atmosfera, mas, ele tem imensa importância na manutenção da vida, suas moléculas se unem formando gotas ou cristais de gelo que podem cair como alguma forma de precipitação: neblina, garoa, chuva, neve, sereno etc. [50]. Essa precipitação pode ser interceptada pela vegetação, cair sobre o solo, ou sobre cidades[50]. Pode, portanto, ser armazenada, infiltrar-se, no solo ou escoar superficialmente[50].

Devido à interceptação, certa quantidade de água nunca atinge o solo, mas ao contrário, evapora novamente[50]. Em áreas urbanas, a chuva cai sobre telhados, calçadas e asfalto, os quais são impermeáveis à água[50]. A água corre então para os bueiros e daí para os rios[50]. Em zonas rurais, boa parte dessa água fica retida no solo como água de infiltração[50]. A precipitação que atinge o solo e nele se infiltra tende a penetrar até alcançar a camada de rocha impermeável[50]. Aí será formado o lençol subterrâneo ou lençol freático[50].

A água que permanece na superfície do solo ou sobre a vegetação, assim como a água de rios, lagos e oceanos, evapora, retornando para a Atmosfera e constituindo as nuvens[50]. A reciclagem de água na Atmosfera é rápida: a Atmosfera nunca retém mais do que um suprimento de chuvas para 10 a 11 dias[50].

A chuva, a neve e o granizo restituem a água evaporada às massas oceânicas e aos lençóis freáticos[50]. As precipitações não são repartidas uniformemente na superfície do globo: muito intensas perto do equador e muito fracas nos polos[50]. Há também grandes variações locais: certas florestas tropicais recebem até 15 m de chuva por ano, enquanto regiões desérticas podem receber menos que 15 cm [50].

Sem o ciclo da água os ciclos biogeoquímicos não poderiam existir e a vida não poderia ser mantida[50].

CAPÍTULO 16

A ORGANIZAÇÃO DOS ECOSSISTEMAS

Os Ecossistemas conseguem sustentar uma imensa quantidade e diversidade de seres vivos, de uma forma muito eficiente e equilibrada[48]. Eles são altamente organizados, mas, esta organização se dá graças a alguns processos que ocorrem para: manter o equilíbrio, suportar a biodiversidade, originar propriedades novas para manter e aumentar a ordem, controlados por um balanço das energias que nele circulam[48].

Para se entender a organização dos Ecossistemas é preciso entender cada um destes processos.

* EQUILÍBRIO DINÂMICO

Os Ecossistemas estão em constante equilíbrio, eles são ricos em redes de informação, que compreendem fluxos de comunicação físico e químicos que interligam todas as partes e governam ou regulam o sistema como um todo[48]. Mas para isto se faz necessário que estes se utilizem de alguns meios para mantê-los. Um destes meios é a **estabilidade** (propriedade geral de voltar ao estado de equilíbrio)[48].

Existem duas formas de estabilidade: a **estabilidade de resistência** (a capacidade de se manter estável diante do estresse) e a **estabilidade elástica** (a capacidade de se recuperar rapidamente)[48]. As duas formas podem estar inversamente relacionadas, pois, quanto maior for o estresse recebido por um ambiente e ele resistir a este estresse, maior será sua capacidade de resistência[48]. Porém, quanto mais tempo ele demorar a se recuperar, menor será sua capacidade de recuperação[48].

O controle nos Ecossistemas se dá através da **retroalimentação**, a qual ocorre quando uma parte da energia perdida volta e penetra novamente neste Ecossistema[48]. A **retroalimentação** é responsável pela busca permanente do equilíbrio dinâmico e ela pode ser **positiva** ou **negativa**[48].

Na **retroalimentação positiva** a quantidade de energia que entra cresce progressivamente, acelera os desvios (de energia) e é necessária ao crescimento e a sobrevivência dos seres vivos[48]. Mas, para se conseguir este controle é preciso que haja a **retroalimentação negativa**, que suprime os desvios[48]. A quantidade de energia que entra nesta retroalimentação é mínima e é esta quem dá o equilíbrio[48].

A estes mecanismos de retroalimentação se dão o nome de mecanismos homeostáticos (em relação aos sistemas orgânicos) que funcionam como "controladores"[48]. Em grandes Ecossistemas as inter-relações dos ciclos de materiais e dos fluxos de energia, junto com as retroalimentações dos subsistemas, geram uma homeostase autocorretiva que não precisam de controle e ponto de ajuste externo[48].

Um dos mecanismos de controle ao nível dos Ecossistemas é a decomposição microbiana, a qual regula a liberação de nutrientes e as relações, bióticos e abióticos, como também a relação predador/presa, que controlam as densidades das populações[48].

Outro mecanismo que também contribui para a estabilidade é a **redundância** onde o processamento possui mais de uma via alternativa em que o resultado é sempre a economia de nutrientes e energia e isto acontece quando mais de uma espécie ou componente tem a capacidade de realizar uma dada função[48].

O processo da homeostase tem por função a busca permanente da estabilidade no que se refere ao processamento dos nutrientes e da entrada de energia nos Ecossistemas na natureza[48]. Desta forma a natureza funciona e o equilíbrio é dado, controlando as perturbações a que é submetida[48].

* CAPACIDADE DE SUPORTE

A capacidade de suporte significa a capacidade que tem um Ecossistema de sustentar sua biodiversidade, através da produção de nutrientes e do O_2 desprendido, o qual é proporcional às necessidades metabólicas dos organismos presentes neste Ecossistema[48].

À medida que um Ecossistema se torna maior e mais complexo, aumenta a proporção da produção bruta da matéria orgânica que deve ser utilizada pelas comunidades, diminuindo à proporção que pode ser dedicada ao crescimento (quanto mais energia ele precisa para se manter menos ele cresce)[48]. No momento do equilíbrio entre estes dois processos o tamanho não deve aumentar mais e, a quantidade de biomassa que pode ser sustentada sob estas condições denomina-se capacidade máxima de suporte[48].

Evidências indicam cada vez mais que a capacidade ótima de suporte, sustentável durante muito tempo é mais baixa, talvez 50% mais baixa que a capacidade teórica máxima de suporte[48].

* EMERGÊNCIA

O ambiente é organizado de forma hierárquica, ou seja, segue uma ordem que vai do menor para o maior, do mais simples ao mais complexo e, isto leva a uma importante consequência[48]. À medida que os componentes ou subconjuntos combinam-se, para produzir sistemas funcionais maiores, surgem novas propriedades que não estavam presentes no nível inferior[48]. Quando subconjuntos interagem com a finalidade de formar um novo conjunto, pelo menos uma nova propriedade surge[48]. A este processo é que se dá o nome de **emergência**[48].

Como exemplo de propriedades emergentes tem-se a união que se dá entre certas algas e animais celenterados, estes evoluem em conjunto para produzir um coral, cria-se então, um mecanismo eficiente de ciclagem de nutrientes, que permite a este sistema conjugado manter uma alta taxa de produtividade em águas com um baixíssimo conteúdo de nutrientes[48]. As propriedades emergentes deste exemplo são: a produtividade e a diversidade, encontradas unicamente ao nível das comunidades dos recifes de coral[48]. Outro exemplo é a combinação que se dá entre o hidrogênio e o oxigênio, numa certa configuração molecular forma-se a água, esta, por sua vez possui propriedades totalmente diferentes das dos seus componentes gasosos[48].

A **emergência** é, então, a interação de componentes da natureza levando ao surgimento de propriedades novas e distintas, através desta surge à complexidade dos níveis de organização da matéria e é daí que surge também a ordem na natureza[48]. Quando uma nova propriedade surge através da emergência ela não poderá retornar ao seu estado organizacional de origem[48].

* BALANÇO ENERGÉTICO

No ambiente os organismos, os Ecossistemas e a Biosfera conseguem criar e manter um alto grau de ordem interna, ou uma condição de baixa entropia (a entropia é uma medida de energia não disponível que resulta de transformações)[48]. A maior parte da energia que entra nos sistemas (a energia de alta utilidade, luz ou alimento) é utilizada e a eficiência da energia que entra no processamento interno é completa[48].

Alguns processos que ocorrem na natureza contribuem para esta eficiência[48]. Uma das formas de aproveitamento da energia utilizada pela natureza é a **retroalimentação**, como já foi visto no processo da homeostase[48]. Ela é bastante eficiente porque os nutrientes e as funções dos organismos vivos são processados sempre com o menor gasto de energia, pois, parte da energia destinada à saída do Ecossistema retorna a este como energia de entrada[48].

Outra forma de aproveitamento de energia se dá através da **transferência** desta e, é isto que garante a existência da vida e dos sistemas ecológicos[48]. Isto acontece através da cadeia alimentar, pois, o produto resultante da obtenção de energia pelos vegetais (produtores) será utilizado como fonte de energia pelos animais (consumidores)[48].

Estruturas **dissipativas** em um Ecossistema expulsam a desordem reduzindo a entropia, porque trocam continuamente energia e matéria com o ambiente para diminuir a entropia interna, à medida que aumenta a entropia externa[48]. Isto permite o aumento da auto-organização e a criação de estruturas novas[48]. A respiração da biomassa é uma forma de dissipação de energia, pois, o CO_2 expulso é utilizado pelos vegetais para a realização da fotossíntese, onde o CO_2 é quebrado em C e O_2 [48]. O O_2 será liberado e reutilizado na respiração desta biomassa e o C será utilizado para a produção do açúcar[48].

Este balanço energético caracteriza todo mecanismo homeostático da natureza, onde toda energia é aproveitada para aumentar a sua ordem[48].

CAPÍTULO 17

O SURGIMENTO DO HOMEM

Aproximadamente há 35 milhões de anos atrás surgiram nas florestas, mamíferos arborícolas dotados de características que determinavam um padrão de vida superior ao dos outros animais da sua classe: além do cérebro com maior capacidade, dispunham de olhos frontais, cauda preênsil e dedos longos com o polegar oposto aos demais dedos das mãos[52]. Eram eles os primeiros primatas que a partir de então desenvolveram muitas formas e tamanhos, segundo adaptações a diferentes modos de vida[52].

Sete milhões de anos depois apareceram os *Procônsul*, um primata pequeno e muito esperto que ainda vivia nas árvores[52]. Seus descendentes mutantes se adaptaram a diversos ambientes e se bifurcaram em dois ramos bem distintos: os que viviam nas florestas se tornaram macacos e símios antropoides (gorilas, orangotangos e chimpanzés); e os que andavam pelas pastagens junto ao solo, evoluíram para seres humanos[52]. O *Procônsul* foi, portanto, o ancestral comum dos homens e dos macacos[52].

O fóssil mais antigo que se considera ser do ramo que deu origem ao homem foi de um primata batizado de *Ramapithecus* que existiu a sete milhões de anos atrás[52]. Ele apresentava uma série de características humanoides, mas sem evidências de postura bípede[52].

Um dos fatores mais importantes no desenvolvimento dos mamíferos foi à posse de um cérebro cujo tamanho em relação ao corpo era muito maior que o de seus concorrentes na luta pela vida[40]. O desenvolvimento do cérebro fez-se notar em especial numa das ordens da classe dos mamíferos, os Primatas[40]. Foram esses mamíferos que escolheram a vida arborícola e, para segurar-se aos galhos, desenvolveram mãos preênseis[40]. Mais tarde quando tornaram a descer das árvores para o solo, suas mãos traseiras perderam a capacidade de agarrar, ao passo que as da frente adaptavam-se ainda mais ao manuseio de vários objetos como: cocos, varas, pedras e mais tarde lanças, flechas e arcos[40].

No período compreendido mais ou menos entre quatro e dois milhões de anos atrás viveram nas savanas do leste e do sul da África os Australopithecines (macacos do sul)[52]. Eram espécies de primatas que caminhavam eretos, deixando as mãos livres para outras tarefas[52]. Seu cérebro tinha 400 cm^3 em média, apenas 135 cm^3 a mais que o dos chimpanzés[52], enquanto o do homem moderno é de 1.500

cm³ ⁴⁰. Possuíam mandíbulas maciças projetadas e molares grandes, exibiam caracteres muito semelhantes aos do homem: postura ereta, braços delicados, testa lisa e arredondada nos jovens, arcada dentária semicircular, com molares gastos de modo a mostrar tipo de mastigação humana[52].

O mais recente testemunho fóssil desses primeiros hominídeos foi Lucy, descoberto em um sítio arqueológico situado em Hadar, no Leste da África[52]. Este fóssil foi revelador de muitas coisas sobre os Australopithecines porque 40% do seu esqueleto estavam intactos[52]. Lucy viveu por volta de três milhões de anos atrás, tinha braços longos e era bípede como os humanos, mas suas pernas eram pequenas como as de um macaco e devia andar com os joelhos levemente encurvados[52]. Acreditam os cientistas que passava parte do tempo em cima das árvores e era onívora[52].

Há mais ou menos 2,3 milhões de anos surgiu entre os *Australopithecus* um novo gênero de hominídeo que é tido como a primeira espécie de ser humano a existir no planeta, era o *Homo habilis*[52]. Ele tinha o cérebro muito maior que o dos *Australopithecus*, com volume de quase 800 cm³ [52].

De acordo com vários registros fósseis, o *Homo habilis* foi contemporâneo de algumas espécies de *Australopithecus* que desapareceram alguns séculos depois, certamente em função da presença do homo, com muito maior capacidade de competição[52].

O *Homo habilis* era bem menor e mais frágil que o homem atual, seus braços longos de dedos curvos sugerem que ainda usavam o recurso de andar em árvores, desta maneira podiam se proteger dos tigres dente de sabre e de ouras feras da época que poderiam causar o seu extermínio em pouco tempo[52].

O *Homo habilis*, por cruzamento de raças ou por mutações, ou por ambos os fatores associados ao longo dos tempos, evoluiu para o *Homo erectus*, que surgiu a cerca de dois milhões de anos[52]. Esta nova espécie de hominídeo tinha o cérebro bem mais volumoso, iniciando com 800 cm^3 e chegando a atingir 1.300 cm^3 [52].

O *Homo erectus* levava uma vida mais complexa e variada, apresentava anatomia bem mais próxima do homem atual: crânio arredondado, maxilares pequenos, era alto e tinha pernas compridas com músculos grandes[52]. Ele foi o primeiro a deixar a África, talvez em função dos seus atributos físicos favoráveis a grandes viagens[52]. Registros fósseis dão conta de que foram parar na Ásia (homem de Pequim na China) e, mais tarde, na Europa (homem de Heilderberg na Alemanha)[52]. Todos eram suficientemente semelhantes para serem classificados como raças diferentes da mesma espécie, *Homo erectus*[52]. Deixaram evidência de que eram caçadores competentes, inventaram novas ferramentas e já moravam em arremedos de lares, onde usavam e dominavam o fogo[52]. Foi uma espécie bem sucedida, tendo perdurado por mais de um milhão de anos em nosso planeta[52].

Aproximadamente há 500.000 anos surgiram os primeiros membros da espécie *Homo sapiens*[52]. Foram descobertos fósseis, como o *Homo sapiens* de Steinhein e o *Homo sapiens* rodesiano, cujos cérebros possuíam 83% do volume do cérebro do homem atual[52]. Tinham grande habilidade, cozinhavam carne e usavam roupas de pele de animais; construíram choupanas e fabricavam lanças[52].

O fóssil que forneceu mais informações sobre o *Homo sapiens* foi o homem de Neandertal, descoberto numa caverna do vale de Neander na Alemanha em 1856[52]. Formou uma população que habitava a Europa e a Ásia entre 120.000 e 35.000 anos atrás[52]. Eram baixos, fortes, musculosos e viviam em cavernas ou em outros abrigos para vencer o frio da época (idade do gelo)[52].

Pesquisas arqueológicas revelam que o homem de Neandertal levava uma vida muito semelhante à dos homens atuais, embora não se tenha prova conclusiva de que tiveram bom domínio da linguagem, foram, por outro lado, os primeiros a revelar sentimentos de afeição pelos seus semelhantes: enterravam os mortos e cuidavam dos velhos e doentes[52].

Atualmente o homem de Neandertal é classificado como uma subespécie do *Homo sapiens* (*Homo sapiens neanderthalensis*)[52]. Sua extinção ocorreu gradualmente com o surgimento do homem moderno[52]. Segundo a maioria dos antropólogos atuais essa subespécie não é o ancestral direto do homem moderno (*Homo sapiens sapiens*) de origem ainda discutida[52].

De acordo com o fóssil conhecido como homem de Cro-Magnon na França, onde foi encontrado, o *Homo sapiens sapiens* mais antigo apareceu na Europa há 40.000 anos[52]. Era alto, fabricava excelentes ferramentas, como facas, lanças, arco, flecha e outros artefatos[52], moreno e tinha uma bela aparência[40]. Tinha habilidades artísticas: em suas cavernas havia pinturas retratando cenas de caças e muitos animais[52]. Possuidor de um cérebro com capacidade acima de todos os outros gêneros, *Homo sapiens sapiens* foi capaz de analisar e tirar conclusões sobre todos os componentes físicos do ambiente e dominar suas transformações e é provável que também soubesse exprimir suas emoções pela música[52]. Com sua engenharia anatômica altamente sofisticada, pode desenvolver uma linguagem complexa muito eficiente em criar novas formas de comunicação[52].

Tudo isto serviu de base para desencadear uma evolução cultural sem precedentes no planeta[52]. Iniciando com a criação da agricultura, desenvolveu domínio e controle sobre a vida da maioria dos animais[52]. Transpôs quase todas as barreiras geográficas e se espalhou pelos continentes[52]. Adaptou-se a maioria dos ambientes terrestres, adquirindo características distintas segundo as condições físicas de cada Ecossistema.

CAPÍTULO 18

OS DIAS DE HOJE

Desfrutando de muitas vantagens na competição com outros seres que povoavam a Terra, o homem primitivo começou a multiplicar-se rapidamente e a espalhar-se[40]. Por volta de 20.000 A.C. (antes de Cristo) havia atravessado o estreito de Behring e colonizado as Américas[40]. Pode-se conjeturar que há uns 10.000 anos a espécie *Homo sapiens sapiens* devia contar cerca de 10 milhões de indivíduos[40]. Para o começo da era cristã, uma estimativa mais segura nos dá a cifra de 350 milhões[40]. Durante os 1.700 anos que se seguiram o aumento de população foi muito pequeno[40]. Calcula-se que no início do século XVIII a população humana da Terra alcançava apenas 500 milhões[40]. Durante os dois últimos séculos, porém, o crescimento foi rápido e no início de 2007, esse valor atingiu 6,6 bilhões de pessoas[40]. Hoje a população humana conta com mais de sete bilhões de pessoas[40].

Em sua conferência *O Problema da População Mundial* (publicada pela Cambridge University Press em 1958), Charles Darwin disse o seguinte: "O rápido aumento atual da população não pode de modo algum manter-se como uma média, mas terá que terminar num dia não muito distante. Se alguém duvidar disto, a simples aritmética o convencerá, pois é fácil calcular que, se o atual ritmo de aumento continuar durante mil anos, o que não é um período muito longo no quadro da história humana, haverá ainda lugar para se estar em pé na superfície da Terra, mas não para todos se deitarem..." [40].

Naquela época ele não contava com o problema do aquecimento global, derretimento das calotas polares e aumento dos níveis dos mares, que leva a uma diminuição da Crosta continental e aumento da Crosta oceânica.

O problema da explosão demográfica pode ser considerado mais como um mal do que como um valioso fator evolutivo para a humanidade[40]. *O Homo sapiens sapiens* criou um código que condena o homicídio, ao mesmo tempo em que a ciência médica faz todo o possível para prolongar a existência de indivíduos doentes que, não fosse isso, morreriam sem deixar prole[40]. Como representantes da espécie somos totalmente a favor disto, mas, tem posto a evolução da nossa espécie em marcha à ré[40].

Desta forma se permite e até se encoraja a transmissão, às gerações futuras, de "maus genes" produzidos por mutações naturais em vez de serem eliminados na luta pela sobrevivência[40]. Ao invés de melhorar, no máximo ela é conservada no seu nível atual com perigo de declínio[40].

CAPÍTULO 19

A BIOSFERA ATUAL

A Biosfera, durante muito tempo, conseguiu sustentar uma imensa quantidade e diversidade de seres vivos de uma forma eficiente, equilibrada e organizada, mas atualmente a espécie humana está ameaçando este equilíbrio. Talvez os fluxos de comunicação físico e químicos que interligam todas as partes e governam ou regulam o sistema como um todo, de alguma forma, estejam sendo danificados. A estabilidade de resistência da Biosfera pode estar sendo ameaçada, pois, as irregularidades estão acontecendo de uma forma muito rápida e, sua estabilidade elástica está lutando fervorosamente para conseguir acompanhar tantas mudanças.

O homem, da espécie *Homo sapiens sapiens*, orgulhoso de ser o animal mais inteligente a ter aparecido na face do planeta Terra, ostentando um crânio de cerca de 1.500 cm^3 andou, com suas tecnologias e luta pelo capitalismo, ameaçando a camada de ozônio, que a natureza demorou milhões de anos para construí-la, o que protege as espécies animais e vegetais dos mais destrutíveis raios solares e, aumentando o efeito estufa que, como já foi visto, é bom, pois retém a radiação do Sol que é convertida em calor na Atmosfera, não permitindo que se congele de frio durante a noite. Entretanto, este aumento está causando o derretimento das calotas polares e aumentando o nível dos mares, o que em curto prazo poderá levar a um; aumento da crosta oceânica e diminuição da crosta continental. Em pouquíssimo tempo pode-se ter menos espaço para moradias e produção de alimentos para tantos organismos vivos, o que poderá, também, ameaçar a existência dos Ecossistemas costeiros, suas espécies, riquezas e beleza.

A Biosfera está recebendo estresse constante e sua capacidade de resistência poderá diminuir. Espera-se, sem se fazer muito, que a Biosfera se recupere das instabilidades provocadas pelo *Homo sapiens sapiens*, não levando em consideração a possibilidade do seu desaparecimento.

A retroalimentação tenta controlar os desvios provocados pelo homem. Sabe-se que a energia liberada pela queima de combustíveis fósseis, queimadas, queima de carvão, chaminés de fábricas e outros materiais orgânicos, está voltando para a Biosfera. A dívida do aumento do oxigênio em consequência do enterramento do dióxido de carbono parece estar sendo cobrada e o aquecimento global está provocando vários transtornos climáticos para as sociedades atuais, desequilibrando o ambiente. O dióxido de carbono armazenado a milhões de anos sob a forma de petróleo etc. está sendo desenterrado e voltando para o ambiente, também, pela queima dos combustíveis fósseis. A busca pelo equilíbrio dinâmico está sendo necessária.

Além do aumento do dióxido de carbono, parte da vida vegetal está sendo eliminada, com os desmatamentos e queimadas, que com seu crescimento adicional poderia servir para controlar este aumento, diminuindo assim a dissipação de energia

A retroalimentação positiva pode estar aumentando progressivamente a quantidade de energia que entra o que poderá acelerar os desvios. E a retroalimentação negativa, que suprime os desvios para se conseguir o controle está conseguindo êxito?

A quantidade de energia parece ser exacerbada e caso o alcance da homeostase falhe, no seu trabalho intenso, o descontrole da densidade de populações; tanto humana como de outros organismos vivos, talvez leve até a ameaça de extinção de algumas espécies de animais e vegetais.

O que a espécie humana está fazendo para a economia de nutrientes e energia?

Talvez isso possa levar a um mau funcionamento da redundância (que trabalha em função da economia de nutrientes e energia[48]). Percebe-se, claramente, que o *Homo sapiens sapiens* não é nada econômico no que diz respeitos a utilização dos recursos naturais, não se importando, em sua maioria, com o controle das perturbações que a Biosfera está sendo submetida e nem se a ordem está conseguindo ser estabelecida.

A população humana está aumentando. O sucesso do agronegócio prova que, também, está aumentando a produção bruta de matéria orgânica que deve ser utilizada por esta. Mas será que todos estão tendo acesso a essa produção? E a qualidade, está sendo suficiente para suprir todas as demandas de macro e micronutrientes desta espécie? Como um grande Ecossistema que a Biosfera é ela pode estar entrando em sua capacidade máxima de suporte.

O homem faz parte das cadeias alimentares sempre no último nível trófico, já que este não está servindo de alimento para nenhum outro organismo, a não ser pelos decompositores, após a sua morte. A relação predador/presa, que controla as densidades das populações[48] não está acontecendo. Para o ser humano isso, talvez, não seja uma desvantagem, contudo, como organismo vivo integrante de um sistema ecológico que para ser eficiente tem que ser altamente organizado, talvez seja sim, pois, poderá interferir na capacidade de suporte da Biosfera.

Por enquanto a Biosfera, que é a única já descoberta em todo o Universo, está conseguindo suportar a quantidade de seres humanos que abriga, mas até quando isso irá acontecer? A escassez de alimento, que afeta as superpopulações, em algum momento poderá afetar a população humana, o que poderá levar a uma seleção natural, onde os "mais fortes" sobreviverão e os "mais fracos" morrerão, levando a um equilíbrio interno onde a ordem volta a ser estabelecida. Pensando na população humana atual fica a reflexão sobre em qual destas duas partes (a "mais forte" ou a "mais fraca") cada porção da sociedade está inserida. E você, em qual porção da sociedade está inserido?

Analisando o gráfico 1 pode-se perceber que no crescimento populacional de 10.000[40] anos atrás até o ano de 1.700[40] depois de Cristo não houve uma mudança muito grande. Entretanto, houve um aumento considerável na população deste último ano até o ano de 2.022[53] D.C. O homem, com sua ciência e tecnologia encontrou várias formas de impedir sua mortalidade, com a natalidade acontecendo.

Gráfico 1 – Crescimento da população humana mundial de 8.000 anos antes de Cristo até os dias de hoje, em bilhões de habitantes.

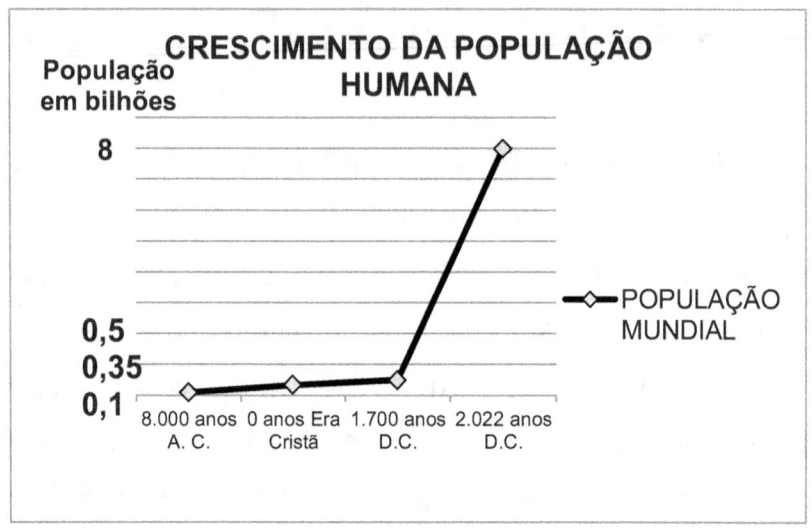

Como já foi dito a respiração da biomassa é uma forma de dissipação de energia, já que o CO_2 expulso é utilizado pelos vegetais para a realização da fotossíntese, onde o CO_2 é quebrado em C e O_2 [48]. O O_2 é liberado e reutilizado na respiração desta biomassa e o C reutilizado para a produção do açúcar[48]. No entanto, a quantidade de CO_2 que está sendo liberada no ambiente pelas atividades humanas (queima de combustíveis fósseis, queimadas, usinas, fábricas, etc.) está aumentando e não se tem vegetais suficientes para quebrar o CO_2 em excesso. Os desmatamentos estão agravando ainda mais este processo. Com a rapidez que se está desenterrando o dióxido de carbono que a Biosfera demorou tantos milhões de anos para enterrá-lo em pouquíssimo tempo o planeta Terra poderá regressar a era arqueozoica, quando a vida começou e só pouquíssimos seres conseguiam suportar a escassez de oxigênio, a abundância do dióxido de carbono e o ambiente quente que ele provocava.

O balanço energético como visto anteriormente, caracteriza todo mecanismo homeostático da natureza, onde toda energia é aproveitada para aumentar a sua ordem, porém o que se percebe atualmente é o aumento da desordem da natureza. A homeostase do planeta Terra está sendo interrompida por mudanças causadas pelo homem, um ser vivo complexo e mais evoluído do que os outros que apareceram no princípio da vida e que também levaram a quebra da homeostase, no passado. Esta quebra gerou consequências para o planeta, que com o passar de muitos anos conseguiu se recuperar. Será que está se aproximando o fim de um longo período estável?

Os seres humanos, na agricultura, eliminam as antigas plantas C3 (plantas mais antigas, que se desenvolvem em mais altas concentrações de dióxido de carbono em relação as plantas C4 [36]), substituindo-as por cana-de-açúcar, milho, grama e muitas outras plantas C4 [39] (capazes de se desenvolver em baixas concentrações de dióxido de carbono[36]).

Com essa ação o homem vem proporcionando o aumento do dióxido de carbono à medida que o calor do Sol também aumenta o que exige uma Atmosfera com menos dióxido de carbono para o seu resfriamento. Juntamente com várias outras ações, como: grandes criações de gado, produção de lixo, que são grades fontes de liberação do gás metano, além da exploração do carvão mineral e, principalmente a queima de combustíveis fósseis, e de outras já citadas, o homem vem lançando grades quantidades de dióxido de carbono e gases causadores do efeito estufa. Isso tem levado ao aumentado da temperatura da Biosfera. O enterramento do carbono está sendo necessário novamente, para que não ocorra a falta de "saúde" na Terra.

No princípio de tudo, quando a vida começou, o Sol era menos luminoso e a ameaça para a vida era o excesso de resfriamento. No pterozoico o Sol brilhou com a intensidade exata para a vida, entretanto, o Sol está ficando mais quente (no início era mais frio[25]), não necessitamos mais de tantos gases estufa para manter a temperatura do planeta Terra adequada e o excesso de calor produzido por esses gases talvez se torne uma ameaça para a sobrevivência de algumas espécies.

Não é agradável a ideia de que para interromper o movimento de agressão a Biosfera é preciso que esta paralise a nossa existência, porém essa possibilidade não deve ser descartada.

A humanidade precisa fazer sua parte e não jogar toda a culpa dos danos causados em alguns alvos, afinal todas as sociedades se desenvolvem, crescem, se multiplicam e todos anseiam por uma vida "melhor", mais confortável, prazerosa, moderna, com muitas comodidades. Obvio que as sociedades contemporâneas não retrocederão em tantas conquistas, já que isto implicaria na privação de confortos e, alguns destes, foram frutos de muitos anos de estudos e esforços, com o justo objetivo da melhoria da qualidade de vida. Porém, se faz necessário a conscientização no uso de tantos recursos, indo sempre em busca de novas alternativas para preservação e sustentabilidade, no delicioso convívio com os tempos modernos.

Faz-se necessário entender que o planeta Terra não pertence à espécie humana e sim que, a espécie humana pertence ao planeta Terra. Já vimos que ele sempre encontrou um jeito de controlar os desvios de energia, mesmo quando necessário a eliminação de algumas espécies.

As sociedades humanas modernas não estão respeitando o ambiente em que vivem, talvez seja por falta de admiração. E como admirar algo que não se conhece? Primeiro é preciso conhecer para poder admirar, como consequência respeitar e assim, preservar.

CAPÍTULO 20

O UNIVERSO INFINITO

Tudo começou com o interesse pelos mistérios de Deus. Queria saber se o Universo era realmente infinito. Tive acesso a alguns dos mistérios de Deus, que a espécie humana, com sua inteligência guardada em uma capacidade craniana de 1.500 cm^3, conseguiu desvendar. No entanto, muito mais ainda não foi desvendado, pois, o homem, ostentando o título de ser o animal mais inteligente já conhecido na face do planeta Terra, a ponto de se considerar o único animal "racional", está esquecendo-se da administração de sua própria existência, não percebendo que maltratando o meio em que vive e as outras espécies consideradas "irracionais" está maltratando a si mesmo, já que tudo está interligado e a sobrevivência de uma espécie depende da sobrevivência de várias outras.

A inteligência humana, ainda não lhes deu a capacidade de desvendar todos os mistérios do Universo, de modo que, muitos dos mistérios de Deus ainda não foram decifrados. Pergunto-me se algum dia isso será possível e quanto tempo a espécie humana ainda terá sua presença nessa imensa Biosfera já que, como vimos, ela sempre encontrou um jeito de manter a sua ordem e, o revelado pelos fósseis foi que nem todas as espécies foram inclusas durante todo o seu conceito de existência

Fica impossível não se questionar se a espécie humana evoluirá para uma mais inteligente ou se será extinta em um futuro breve e, se o seu lugar será ocupado por alguma outra espécie que evolua para tal fim, talvez outro mamífero, ou quem sabe, um inseto! E se essa, "nova espécie inteligente" será capaz de desvendar os mistérios de Deus escondidos no Universo!

Ainda me questiono sobre a finitude do Universo. Pergunto-me como é possível um espaço infinito, cheio de energia sempre em movimento, formando vários tipos de matérias, todas com um ciclo de vida de nascimento, crescimento e morte? Pergunto-me também sobre o que vem depois deste final? Questiono-me sobre a existência de vida em outros planetas. No meio de várias galáxias, de vários aglomerados de galáxias, de vários sistemas solares, alguns parecidos como o nosso, com um Sol e outros com mais de um, vários e vários planetas, será que somente o planeta Terra foi agraciado com a vida? Sendo que os constituintes do Universo são basicamente os mesmos, em todo ele.

Fica fácil imaginar que em algum lugar do Universo, a muitos milhares de anos luz da Terra, ou nem tão longe assim, possa existir planetas com Biosfera, vida microscópica, vida mais evoluída e/ou até vida inteligente, talvez até muito mais inteligente que a nossa, com constituição orgânica igual a que conhecemos ou, talvez nem utilizem água como substância vital e sim, alguma outra em estado líquido. Em planetas muito quentes ou muito frios.

Por enquanto, todas estas questões somente a imaginação consegue responder. A ciência ainda não tem respostas para tantas perguntas, porém, temos o poder de "mergulhar" no mais sublime que a evolução pôde nos dá; a afetividade, a empatia, o amor a nossa existência e o amor ao próximo. Não somente amor ao próximo considerado igual, da nossa mesma espécie, mas também, ao próximo de todas as espécies de vida existentes, que por mais diferentes que possam nos parecer, compartilham conosco de uma mesma origem, possuem as mesmas substâncias e o mesmo código de informações, o DNA.

Através das descobertas da ciência pude mergulhar em uma viagem inesquecível, tendo início com a "grande explosão", passando por descobertas belíssimas e aterrorizantes também. Através da ciência "Deus" se conectou e compartilhou, comigo, alguns de seus mistérios, me permitindo conhecer a sua maior e mais bela criação. Então entendi o que, quando criança não conseguia.

E, com relação a Deus...

... ?

REFERÊNCIAS

1- MARQUES, G. C. O início e o fim. Instituto de física. Universidade de São Paulo. *Ciência Hoje.* Rio de Janeiro: n. 33, v. 6, p. 33-40, jul. 1987.

2- REEVES, H. A grande explosão. Centre d'Etudes Nucleaires Saclay França. *Ciência Hoje.* Rio de Janeiro: n 47, v. 8, p. 36-44, out. 1988.

3- ARANTE, J.T. Big Bang de proveta. *Globo Ciência.* São Paulo: n 72, v. 6, p. 43-45, jul. 1997.

4- WEINBERG, S. Los tres primeros minutos Del Universo. Madrid. Pag. 16-18, 1978. Online. Disponível em: *http://www.geocities.com/Athens/4081/Cosmo.html* . Acesso em 19 mar. 2008.

5- GALÁXIAS. Perguntas e Respostas.12 p. Online. Disponível em: *http://ocbsn.on.br/portuguese/pergastron/Galáxias.htm* . Acesso em: 19 out. 1998.

6- VIANELLO, R. L.; ALVES, A. R. *Meteorologia Básica e Aplicações*, cap.4: Forças que atuam na Atmosfea, p. 208. Universidade Federal de Viçosa. Viçosa, Minas Gerais: Imprensa Universitária, 1991, 449 p.

7- OLIVEIRA, J. G. Orgone, matéria e a antítese or-nr. Encontro de Psicoterapia Somática. Universidade Santa Úrsola. Rio de Janeiro: Bapera Editora. 6 set. 1997, p. 4.

Online. Disponível em: *http://www.ax.apc.org/~bapera/guilha.htm* . Acesso em: 16 out.1998.

8- GRECO, A. A lira da Física. SUPER Interessante: p. 68-71, 30 jul. 1999.

9- GRIBBLIN, J. A gênese da Terra. O Correio da Unesco: Rio de Janeiro: n 9, v. 14, p.4. 9, set. 1986.

10- INVESTIGANDO *a Terra,* cap. 26: O Universo e sua origem, p. 216-234. São Paulo: McGraw-Hill do Brasil, LTDA. v. 2, 1976.

11- INVESTIGANDO *a Terra,* cap. 25: Evolução estelar e galáxias, p. 204-212. São Paulo: McGraw-Hill do Brasil, LTDA. v. 2, 1976.

12- INVESTIGANDO *a Terra,* cap. 23: O Sistema Solar, p. 145-169. São Paulo: McGraw-Hill do Brasil, LTDA. v. 2, 1976.

13- LEMOS, J. P. A origem do mundo. Departamento de Astrofísica, Observatório Nacional/CNPq. *Ciência Hoje.* Rio de Janeiro: n. 88, v. 15, p. 28-32, mar. 1993.

14- BARGAMINI, David. O Universo. Biblioteca da Natureza Life. cap. 3: Planetas, Meteoritos e Cometas, p.63-78. Rio de Janeiro: Livraria José Olympio Editora, 1970, 192 p.

15- NASA, Solar System Exploration. Online. Disponível em:

https://science.nasa.gov/solar-system . Acesso em: 10 nov. 2023.

16- MATSUURA, O. T. A busca por novos sistemas planetários. *Ciência Hoje*, Rio de Janeiro: n. 144, v. 24, p. 16-24, nov. 1998.

17- FILHO, K.S.; SARAIVA, M. F. Corpos Menores do Sistema Solar. 2011. Online. Disponível em: http://astro.if.ufrgs.br/comast/index.htm . Acesso em: 29 maio 2012.

18- FILHO, K.S. SARAIVA, M. F. Nosso Sistema Solar. 2010. Online. Disponível em: http://astro.if.ufrgs.br/comast/index.htm . Acesso em: 29 maio 2023.

19- GOODY, R.M.; WALTER, J. C. Atmosferas Planetárias, cap. 1: O Sol e os planetas, p. 2-3. São Paulo: Edgard Blucher, 1975, 139 p.

20- VIANELLO, R. L.; ALVES, A. R. Meteorologia Básica e Aplicações, cap.1: O mundo em que vivemos, p. 20. Minas Gerais: Imprensa Universitária, 1991, 449 p.

21- ISTOÉ. Os novos mundos. 14 ago. 1996. Online. Disponível em: *http://www.zaz.com.br/istoe/capa/140214c.htm* . Acesso em: 19 out. 1998.

22- REUTERS, PÚBLICO, AFP. Novos planetas descobertos à volta de estrelas Longínquas. Observações no telescópio Keck, no Havai. NOTÍCIAS. 1 out.1998, 7 p.

Online. Disponível em:
http://www.rnoa.rcts.pt/informacao/noticias/1998/1098.
.html#01£   Acesso em: 19 out.1998.

23- GODOY, N. ISTOÉ. A promessa de Vega. 29 abr. 1998. Online. Disponível em:
http://www.zaz.com.br/istoe/ciencia/149119.htm .
Acesso em: 19 out.1998.

24- GAMOW, G. Biografia da Terra, cap. 1: Nasce a Terra, p. 1-23. 5 ed. Porto Alegre: Editora Globo, 1973, 257 p.

25- BEISER, A. A Terra. Biblioteca da Natureza Life. cap. 2: Um começo nebuloso, p. 35-44. Rio de Janeiro: Livraria José Olympio Editora S. A., 1970, 192 p.

26- GAMOW, G. Biografia da Terra, cap. 3: A família dos planetas, p. 47-64. 5 ed. Porto Alegre: Editora Globo, 1973, 257 p.

27- LEINZ, V. Geologia, cap. 2: A terra e sua litosfera, p. 3-10. Brasília: Biblioteca Universitária, v. 1, 1975.

28- CLARK, S. P. Estrutura da Terra, cap. 1: Estruturas internas da Terra, p. 2-3. São Paulo: Edgard Blucher, 1973, 587 p.

29- GAMOW, G. Biografia da Terra, cap. 4: O inferno sob os nossos pés, p. 79-81. 5 ed. Porto Alegre: Editora Globo, 1973, 257 p.

30- INVESTIGANDO a Terra, cap. 2: Os materiais terrestres, p. 28-33. Rio de Janeiro: Mc. Graw-Hill do Brasil, v. 1,

1973.

31- ARGENTIÉRE, R. O Sol e os Planetas, cap. 6: A Terra, p 61-63. 2 ed. São Paulo: Pincar, v. 1, 1959.

32- BEISER, A. A Terra, cap. 3: Anatomia dos Céus, p. 57-67. Rio de Janeiro: José Olympio, 1970, 192 p.

33- GAMOW, G. Biografia da Terra, cap. 7: O inferno sobre as nossas cabeças, p. 175- 178. 5 ed. Porto Alegre: Editora Globo, 1973, 257 p.

34- GAMOW, G. Biografia da Terra, cap. 8: Natureza e Origem da Vida, p. 189-206. 5 ed. Porto Alegre: Editora Globo, 1973, 257 p.

35- ALBERT, B.; BRAY, D.; LEIWS, J.; RAFF, M. ROBERTS, K.; WATSON, J. D. Biologia Molecular da Célula, cap. 1: A evolução da célula, p. 3-11. 3 ed. Porto Alegre: Artes Médicas, 1997, 1.294 p.

36- LOVELOCK, J. As Eras de Gaia. A biografia de nossa terra viva. Rio de Janeiro: Editora Campus, 1991, 236 p.

37- LEHNINGER, A. L. Princípios da Bioquímica, cap. 3: A composição da matéria viva: As biomoléculas, p. 37-52. São Paulo: Savier, 1986, 725 p.

38- PACHECO, T. B. Que respostas a biologia tem hoje para o problema da origem da vida? Como eram os primeiros seres vivos? *Ciência Hoje.* Rio de Janeiro: v. 6, n. 31, p. 22-23, maio 1987.

39- LIMA, M. H. A origem da vida em discussão. Instituto de Ciências Biomédicas. Universidade Federal do Rio de Janeiro. Nature. v. 334, 1988, p. 609-6011. *Ciências Hoje.* Rio de Janeiro: v. 8, n. 48, p. 12, nov. 1988.

40- GAMOW, G. Biografia da Terra, cap. 9: A evolução da Vida, p. 207-238. 5 ed. Porto Alegre: Editora Globo, 1973, 257 p.

41- VISÕES da Natureza, cap. 2: A superfície do fenômeno, p. 29-48. São Bernardo do Campo- SP: Mercedes-Benz do Brasil S. A., 1989, 143 p.

42- JUTCHINSON, G. E. A Biosfera. Texto do Scientific American. cap. 1: A Biosfera, p. 3-12. São Paulo: Polígono, Editora da Universidade de São Paulo, 1974, 155 p.

43- BAKER, J. J.; ALLEN, G. E. Estudo da Biologia, cap. 24: A origem da vida. São Paulo: Edgard Blucher, v. 2, 1975.

44- ESCALA do tempo geológico. *O Correio da Unesco* Rio de janeiro: v. 14, n. 9, p. 31 set. 1986.

45- MOLEN, Y. F. Ecologia, cap. 8: A Biosfera. 2 ed. São Paulo: Editora Pedagógica e Universitária, 1981.

46- DOS SANTOS, D. M. Fotossíntese-alguns exemplos de plantas C3, C4 e CAM. DBAA/FCAV/UNESP. São Paulo: Unesp Jaboticabal, 2019, 7 p. Online. Disponível em: https://www.fcav.unesp.br/Home/departamentos/biologia/DURVALINAMARIAM.DOSSANTOS/texto-

309-fotossinteselistagem-de-plantas-c3-c4-e-cam-2019.pdf Acesso em: 06 dez. 2023.

47- LINO, C. F. Reservas da Biosfera da Mata Atlântica. Universidade Estadual de Campinas. cap. 1: O que são as reservas da biosfera, p. 14-16. Campinas: Consórcio Mata Atlântica, v. 1, jun. 1992, 101 p.

48- ODUM, E. P. Ecologia, cap. 2: O Ecossistema, p. 9-54. Rio de Janeiro: Editora Guanabara S. A., 1988, 434 p.

49- MOLEN, Y. F. Ecologia. Currículo de Estudo de Biologia. cap. 5: Os ecossistemas. 2 ed. São Paulo: Editora Pedagógica e Universitária Ltda, 1981.

50- MOLEN, Y. F. Ecologia. Currículo de Estudo de Biologia. cap. 6: Ciclos de nutrientes. 2 ed. São Paulo: Editora Pedagógica e Universitária Ltda, 1981.

51- JUTCHINSON, G. E. A Biosfera. Texto do Scientific American. cap. 3: O ciclo de energia na Biosfera, p. 26-38. São Paulo: Polígono, Editora da Universidade de São Paulo,1974, 155 p.

52- SOUZA, W. E. Breve história arqueológica do homem. 4 jan. 1996. Online. Disponível em: *http://www.digitus.com.br/~rubinho/cons5* . Acesso em: 21 dez. 1998.

53- GORVET, Z. Terra chega a 8 bilhões de habitantes: quantas pessoas o planeta agüenta? BBC Future. 17 set. 2022. Online. Disponível em: https://www.bbc.com/portuguese/vert-fut-62807711 .

Acesso em: 09 dez. 2023.

54- BARGAMINI, D. O Universo. Biblioteca da Natureza Life. cap. 5: De que é feita nossa galáxia, p.106-117. Rio de Janeiro: Livraria José Olympio Editora, 1970, 192 p.

www.ingramcontent.com/pod-product-compliance
Lightning Source LLC
Chambersburg PA
CBHW052302220526
45471CB00001B/459